BIBLIOTHÈQUE BIOLOGIQUE INTERNATIONALE

LES FERMENTS DIGESTIFS

LA PRÉPARATION ET L'EMPLOI DES ALIMENTS ARTIFICIELLEMENT DIGÉRÉS

PAR

WILLIAM ROBERTS
M. D., F. R. C. P., F. R. S.

PARIS
OCTAVE DOIN, ÉDITEUR
8, PLACE DE L'ODÉON, 8

1882

LES FERMENTS DIGESTIFS

LA PRÉPARATION ET L'EMPLOI DES ALIMENTS ARTIFICIELLEMENT DIGÉRÉS [1]

I

Nature de la digestion.

La digestion a été longtemps considérée comme l'attribut spécial des animaux. C'est à l'état brut que ceux-ci reçoivent dans leur canal digestif les aliments nécessaires à leur subsistance. Ces derniers y sont soumis à l'action de certains ferments, lesquels, par un processus chimique particulier, en transforment les éléments en matières assimilables. Si l'on s'en tient à ces limites restreintes, les plantes ne possèdent point de fonctions digestives, car elles n'ont ni canal alimentaire ni aucun vestige d'appareil digestif. Mais, si l'on va plus au fond de la question, on ne tarde pas à reconnaître que les plantes digèrent aussi bien que les animaux et que, dans les deux règnes de la nature, le phénomène est essentiellement identique.

1. « The Lumleian Lectures » faites devant le *Royal College of Physicians* de Londres.

Afin de mieux saisir ce principe, posé pour la première fois par Claude Bernard et constituant un des résultats les plus importants de ses admirables travaux [1], il est nécessaire de reconnaître dans le phénomène de la digestion deux types ou formes : la digestion qui a lieu extérieurement, à la surface de l'organisme, et la digestion qui a lieu intérieurement, dans la trame même des organes et des tissus.

On appelle digestion *extérieure* ce phénomène commun, familier à tout le monde, qui se passe dans le canal alimentaire des animaux, phénomène au moyen duquel les aliments bruts, introduits du dehors, sont préparés pour l'absorption.

On appelle au contraire digestion *interstitielle* ce phénomène plus intime, au moyen duquel les réserves alimentaires, emmagasinées dans l'intérieur des plantes et des animaux, sont modifiées et utilisées pour la nutrition.

Ces deux types de digestion sont essentiellement analogues, aussi bien par leurs agents que par les phénomènes qui les accompagnent, et, quoique l'un deux soit plus développé dans le monde animal et l'autre plus largement répandu parmi les végétaux, les deux ont des représentants dans les deux règnes, ce qui nous atteste l'unité

1. Claude Bernard, *Leçons sur les phénomènes de la vie*, publiées après sa mort par Dastre. Paris, 1879.

fondamentale de la nutrition chez les plantes et chez les animaux. Je ne puis qu'ébaucher à la hâte les faits et les arguments qui ont servi de base aux conclusions de Cl. Bernard.

Digestion extérieure. — Personne n'ignore que le canal alimentaire est un simple prolongement de la surface externe; que l'épiderme se continue sans interruption, à chacune de ses extrémités, avec la membrane muqueuse intestinale. Par conséquent, les phénomènes dont le tube digestif est le siège sont, rigoureusement parlant, aussi étrangers au corps de l'animal que s'ils se passaient à la surface de sa peau. Sur cette surface interne — s'il m'est permis de m'exprimer ainsi — viennent se déverser les sucs digestifs, contenant les ferments qui sont les agents spéciaux de la digestion. C'est là la forme la plus commune, mais non la seule, de la digestion extérieure, telle qu'elle se trouve chez les animaux. Chez quelques membres inférieurs de la série animale, il n'existe point de canal alimentaire à l'état permanent. Chez l'Amœbe, toute partie de la surface externe est adaptée à recevoir les aliments. La nourriture pénètre dans une dépression formée sur la surface, au niveau du contact; elle est digérée par cet estomac improvisé, et le résidu non assimilable est expulsé par un anus improvisé.

Chez les plantes, la digestion extérieure est un

fait bien moins caractérisé que chez les animaux; il est pourtant facile d'en citer des exemples et d'en démontrer l'importance. Chez les végétaux inférieurs, — Champignons, Saprophytes, dépourvus de chlorophylle, — la digestion extérieure est probablement une fonction de première nécessité. Selon toute vraisemblance, les aliments carbonés ne sont absorbés par eux qu'après avoir subi un véritable processus de digestion. La transformation du sucre de canne ou saccharose par la levure est un exemple frappant, quoique un peu forcé, de la digestion extérieure. Le sucre de canne forme pour les plantes, aussi bien que pour les animaux, un aliment brut qui, pour être utilisé au profit de la nutrition, a besoin d'être transformé en sucre interverti (mélange, en proportions égales, de dextrose ou sucre de raisin et de lévulose ou sucre de fruit). La levure ne forme pas une exception à cette règle; placée dans une solution de sucre de canne, elle est obligée de transformer ce composé en sucre interverti, avant de l'utiliser dans les phénomènes de la fermentation. Cette transformation est effectuée par un ferment soluble, contenu dans la cellule de la levure et susceptible de se dissoudre dans l'eau. Nous aurons lieu de constater plus tard qu'un ferment semblable, destiné à un but analogue, existe dans l'intestin grêle des animaux et qu'il possède exactement la même propriété de transformer le sucre de canne en sucre interverti.

Même parmi les végétaux supérieurs, la digestion extérieure n'est point un fait tout à fait inconnu. Quelque caché que soit le phénomène, on sait qu'un fluide acide, sécrété par les racines de certaines plantes, sert à dissoudre et à rendre assimilables les matières minérales qui se trouvent dans leur voisinage. Les plantes dites insectivores, dont M. Darwin a fait une étude si intéressante, nous fournissent un exemple frappant et incontestable de ce genre de digestion. Aux rayons du soleil et baignées de rosée, ces plantes, grâce à un mécanisme spécial dont elles sont pourvues, saisissent l'insecte qui s'est posé sur leurs folioles. Un estomac improvisé, sécrétant un suc digestif, se forme autour de la proie, qui est digérée, et le produit de cette digestion est absorbé exactement de la même manière que dans la digestion gastrique des animaux.

Digestion interstitielle. — Les plantes et les animaux emmagasinent également, dans diverses parties de leurs tissus, des réserves ou dépôts alimentaires, utilisables en cas de nécessité. Aussi ne voyons-nous ni l'animal ni la plante mourir instantanément quand on les prive de leur alimentation ordinaire, ils vivent pendant quelque temps sur leurs réserves. Mais, afin que celles-ci puissent être utilisées pour les besoins de la nutrition, elles doivent subir préalablement une transformation, c'est-à-dire passer de l'état inerte, le plus souvent insoluble, à l'état soluble, devenir propres à circuler dans le liquide nutritif qui constitue le milieu alimentaire des éléments protoplasmiques. Cette transformation des réserves alimentaires inertes en aliments assimilables est, dans quelques cas, ou probablement dans tous, effectuée à l'aide des mêmes agents et des mêmes procédés que ceux qui accompagnent la digestion qui s'accomplit dans le canal alimentaire des animaux; c'est sur cette identité des agents et des phénomènes que Cl. Bernard s'appuyait pour affirmer l'identité fondamentale de ces deux genres de digestion.

L'emmagasinement des aliments se fait sur une plus large échelle dans le monde végétal que dans le monde animal, à cause de l'existence intermittente de beaucoup de plantes. Dans les semences, les tubercules, les bulbes et autres réservoirs du même genre, sont accumulées d'immenses provisions d'albumen, d'amidon, de sucre de canne et d'huiles. Destinées primitivement à l'accroissement et à la nutrition de la plante ou de son rejeton, ces substances alimentaires deviennent souvent la proie des animaux qui les utilisent pour leur alimentation. A cause de leur vitalité plus intense, les animaux emmagasinent moins de matières alimentaires que les plantes. Pourtant ils accumulent des dépôts de graisse dans différentes parties de leur corps, d'amidon animal (glycogène) dans le foie et ailleurs et de l'albumen dans le sang. Les oiseaux emmagasinent aussi dans leurs œufs une grande quantité d'albumen et de graisse.

La transformation des matières alimentaires a été soigneusement étudiée pour ce qui regarde l'amidon, le glycogène et le sucre de canne. Cl. Bernard a poursuivi cette étude avec une exactitude merveilleuse et un grand succès. On savait depuis longtemps que la transformation, dans les semences germées, de l'amidon en sucre, s'opérait sous l'influence de la diastase, et qu'un ferment analogue, contenu dans la salive et dans le suc pancréatique, produisait le même effet sur les aliments féculents employés par l'animal. Il a aussi été démontré que les dépôts d'amidon, accumulés dans les tubercules de la pomme de terre et dans les diverses autres parties des végétaux, se transforment, à l'époque du bourgeonnement et de la croissance, de la même manière et sous l'action des mêmes agents. Claude Bernard a prouvé que l'amidon animal ou glycogène se trouve déposé en grande quantité non seulement dans le foie, mais aussi dans beaucoup d'autres endroits, et qu'on en constate invariablement un volume considérable chez l'embryon. Simultanément avec le glycogène, se trouve un ferment diastasique, ayant la propriété de transformer le glycogène en sucre de raisin, élément indispensable aux phénomènes de la croissance et de la nutrition.

Les provisions de saccharose accumulées dans la racine de la betterave et de la canne à sucre sont transformées ou digérées de la même manière en sucre interverti, au moment où ces végétaux entrent dans la seconde phase de leur existence, celle de la fleuraison et de la fructification. Ici encore, l'agent de la transformation est un ferment soluble, le même ferment que sécrète, comme nous l'avons déjà dit, la cellule de la levure, le même qui existe dans l'intestin grêle des animaux, où il joue un rôle analogue.

La transformation des matières protéiques et des corps gras n'a pas encore été étudiée avec le même succès que celle de l'amidon et de la saccharose. Mais l'analogie aussi bien que les faits déjà acquis indiqueraient que les provisions des matières albuminoïdes et graisseuses, accumulées dans les semences, dans les bulbes et dans les autres réservoirs des végétaux, sont élaborées par la digestion, avant d'être utilisées dans le mouvement nutritif dont la plante est le siège, et que les transformations ainsi obtenues sont de la même nature et produites par l'action des mêmes agents que dans la digestion des corps protéiques et des corps gras, dans le canal alimentaire des animaux.

Je crois en avoir dit assez pour indiquer le caractère des faits et des analogies dont Claude Bernard a tiré des principes généraux d'une grande portée et qu'à mon tour j'ai essayé de résumer dans les propositions suivantes :

1° La digestion, ou procédé au moyen duquel les matériaux nutritifs sont transformés en aliments assimilables, est une fonction d'une importance capitale pour tout être vivant.

2° Cette fonction s'exerce, en partie sur les matériaux nutritifs placés dans le voisinage immédiat de la surface de l'organisme (digestion dite extérieure, habituellement intestinale), en partie sur les réserves alimentaires emmagasinées dans l'intérieur de l'organisme (digestion interstitielle).

3° Les principaux agents de cette fonction et leur mode d'action sont essentiellement identiques, que l'organisme soit une plante ou un animal, ou bien que les phénomènes se passent dans la trame des tissus ou dans la cavité générale ou intestinale.

II

Caractères généraux et propriétés des ferments digestifs.

L'œuvre essentielle de la digestion s'accomplit à l'aide d'un groupe remarquable d'agents, désignés sous le nom de ferments solubles ou inorganiques. Ils se trouvent en dissolution dans divers sucs digestifs ou sécrétions, qui viennent se déverser sur le trajet parcouru par les aliments le long du canal alimentaire. Les opérations physiques et mécaniques par lesquelles la nourriture passe dans la bouche et dans l'estomac ne sont que des actes préparatoires, destinés à faciliter l'œuvre essentielle de la digestion. Celle-ci consiste dans l'action exercée par les ferments digestifs sur les principes alimentaires.

Le nombre des ferments distincts, servant à digérer les aliments si variés de l'homme, n'est pas exactement connu, mais on en compte sept ou huit au moins. Le tableau suivant présente un schéma général des diverses sécrétions digestives ou sucs et des ferments qu'ils contiennent, avec une indication de l'action exercée par chacun de ces derniers sur les divers principes alimentaires.

TABLEAU DES SUCS DIGESTIFS ET LEURS FERMENTS

SUCS DIGESTIFS	FERMENTS QU'ILS CONTIENNENT	LEUR ACTION SUR LES MATÉRIAUX NUTRITIFS
Salive..........	Diastase salivaire ou ptyaline.	Transforme l'amidon en sucre et en dextrine.
Suc gastrique...	*a.* Pepsine.	Transforme les corps protéiques dans un milieu acide.
	b. Ferment *coagulatif.*	Caille la caséine du lait.
Suc pancréatique.	*a.* Trypsine.	Transforme les corps protéiques en peptones dans un milieu alcalin et neutre.
	b. Ferment *coagulatif.*	Caille la caséine du lait.
	c. Diastase pancréatique.	Transforme l'amidon en sucre et en dextrine.
	d. Ferment émulsif.	Emulsionne et saponifie en partie les corps gras.
Bile............	(?)	Contribue à l'émulsion des corps gras.
Suc intestinal....	*a.* Inversif.	Transforme le sucre de canne en sucre interverti.
	b. (?) Ferment *coagulatif.*	Caille la caséine du lait.

L'examen de ce tableau suffit à démontrer qu'il faut une série aussi longue que compliquée d'actions exercées par les ferments, pour la complète digestion de nos aliments. L'amidon est attaqué sur deux points — dans la bouche et dans le duodénum — par deux ferments, la diastase salivaire et la diastase pancréatique, dont la nature est identique. Quant aux matières albumineuses, elles sont aussi attaquées sur deux points : dans l'estomac et dans l'intestin grêle; mais les deux ferments en jeu, la pepsine et la trypsine, ne sont certainement point identiques. Un autre ferment, que nous connaissons seulement par la propriété dont il jouit de faire cailler le lait, se trouve dans l'estomac et dans le pancréas; je suis porté à croire qu'on le trouve aussi dans l'intestin grêle. Il ne semble pas que la bile possède un ferment; mais elle aide, par ses réactions alcalines et ses propriétés physiques, à produire l'émulsion des matières grasses et à en faciliter l'absorption. Fait étrange, le ferment doué de la propriété de transformer le sucre de canne ne se rencontre que quand le bol alimentaire a atteint l'intestin grêle.

Tous les ferments digestifs connus appartiennent à la classe des ferments solubles ou inorganiques. Ils se distinguent nettement des ferments organiques ou insolubles, dont la levure nous présente un type caractéristique, en ce qu'ils sont dépourvus de la faculté de se nourrir et de se multiplier. Or, tous les organismes vivants possèdent cette faculté, soit à l'état latent (potentiel), soit à l'état actif (dynamique). On ne peut donc appliquer aux ferments solubles l'épithète de vivants, quoiqu'ils soient exclusivement associés aux organismes vivants et prennent une part essentielle aux actes vitaux dont ces derniers sont le siège.

Tous les ferments digestifs sont les produits directs de cellules vivantes. Ils sont complètement inconnus dans le domaine de la chimie inorganique. Leur mode d'action ne ressemble en rien à celui des affinités chimiques et se distingue par un caractère physiologique bien tranché. Ce n'est point de leur substance matérielle qu'ils tirent leurs merveilleuses propriétés. Ils n'apportent rien à la substance sur laquelle ils agissent et ne prélèvent rien sur elle. Les matières albuminoïdes qui constituent leur masse ne sont évidemment autre chose que le substratum matériel d'une force spéciale, — précisément comme l'acier de l'aimant est le substratum matériel de la force magnétique, mais n'est point cette force elle-même. On peut dire que, au moment de l'élaboration, les cellules glandulaires communiquent aux matières albuminoïdes du ferment une force potentielle, spéciale, de même qu'un morceau d'acier devient aimanté en subissant le contact d'un aimant préexistant. La force potentielle du ferment se transforme en force active (dynamique) une fois que celui-ci a été mis en contact avec les substances alimentaires sur lesquelles il agit. Les propriétés chimiques et physiques des ferments digestifs semblent être à peu près uniformes. Ils se rapprochent par leur composition des substances protéiques et contiennent du carbone, de l'oxygène, de l'hydrogène et l'azote dans la même ou presque dans la même proportion centésimale que l'albumine. Mais, comme aucun d'eux n'a encore été obtenu à l'état d'isolement et de pureté absolus, ceci est, à dire vrai, une induction bien plus qu'un fait acquis. Ils sont tous solubles dans l'eau, diffusibles quoique avec difficulté à travers les membranes animales et le papier parchemin. Ils ont aussi la faculté (tous ceux que j'ai expérimentés) de filtrer sous pression à travers les parois poreuses de la poterie, avec la différence pourtant que quelques-uns d'entre eux passent avec facilité, tandis que d'autres ne le font qu'avec une grande difficulté et dans des proportions minimes. Ils sont précipités de leurs solutions aqueuses par l'alcool absolu; mais, contrairement aux autres corps protéiques (les peptones exceptées) ils ne se coagulent pas complètement par l'action de l'alcool. Si on les en retire, les ferments conservent encore la faculté d'être solubles dans l'eau et jouissent de leurs propriétés actives inaltérées. Ils sont coagulés et amenés à l'état d'inertie parfaite par la chaleur de l'eau bouillante; dans une solution dont la température se rapproche de 160° F. (71° C.), ils sont coagulés et détruits.

Chacun de ces ferments digestifs a son corrélatif spécial dans un principe alimentaire ou dans un groupe de principes sur lesquels s'exerce uniquement son action. La diastase agit exclusivement sur les substances amylacées. La pepsine et la trypsine agissent exclusivement sur les principes azotés ; le ferment émulsif du pancréas n'est susceptible d'agir que sur les corps gras ; le ferment inversif de l'intestin grêle n'a d'action que sur le sucre de canne.

Les transformations opérées par les ferments digestifs dans les principes alimentaires n'en altèrent pas profondément le caractère sous le rapport chimique ; ils affectent bien plus l'état physique de ces principes que leur composition chimique. Ce sont généralement des phénomènes de dédoublement et d'hydratation, dont le résultat est de rendre les substances transformées plus solubles et plus diffusibles, d'en diminuer l'état colloïde et de les rapprocher de l'état cristalloïde ou même de le leur faire atteindre. Ceci n'est pourtant point un fait invariable. Le sucre de canne, par exemple, forme une exception notable ; il est converti, dans l'intestin grêle, en sucre interverti (mélange à particules égales de sucre de raisin ou dextrose et de sucre de fruit ou lévulose). Mais le sucre interverti, tout en étant bien plus hydraté que le sucre de canne, n'est ni plus diffusible ni plus soluble.

Il n'est pas absolument exact que, pour être absorbé, tout aliment exige une digestion préalable. Les corps gras sont absorbés dans une large mesure par les vaisseaux chylifères, sans subir d'autre altération qu'une fine division ou émulsion. Le sucre de raisin (dextrose), autant qu'on le sait, ne subit aucune transformation digestive ; il est absorbé sans être altéré. Peut-être serait-il plus exact de dire que le sucre de raisin est un élément nutritif que les plantes se chargent de digérer préalablement pour nous.

Quoique les ferments digestifs aient un mode d'action spécial qui leur est propre, les résultats obtenus par cette action ne sont point d'une nature spéciale ; ils peuvent tout aussi bien être obtenus au moyen des forces chimiques ordinaires. Soumis à une coction prolongée dans l'eau bouillante ou — si l'on veut employer un moyen plus rapide — dans de l'eau bouillante acidulée, l'amidon est converti en dextrine et en sucre, et l'albumen est transformé en une substance fort analogue à la peptone. Le trait particulier de l'action exercée par les ferments, est celui-ci : les ferments ont la propriété de produire rapidement et sans violence des transformations qu'on n'obtient, dans les laboratoires chimiques, qu'au moyen, soit de réactifs violents, soit d'une action lente mais très prolongée de réactifs plus faibles. Il est intéressant de noter que, dans leurs résultats ultimes, les transformations produites dans les aliments par la digestion sont fort analogues, sinon tout à fait identiques, avec ceux obtenus par une coction prolongée.

III

Préparation de sucs digestifs artificiels.

L'étude des ferments digestifs a été beaucoup facilitée par la méthode d'Eberlé. Il découvrit que l'infusion aqueuse ou extrait des glandes digestives possède les mêmes propriétés que les sécrétions ou sucs de ces glandes. La raison de ce phénomène est que les glandes sécrétant les sucs digestifs contiennent une provision de réserve de leurs ferments respectifs. Aussi quand on fait infuser ces glandes dans l'eau, leur réserve de ferments passe dans la solution. Ces infusions ou extraits constituent les sucs digestifs artificiels, et ils se comportent dans un bocal exactement de la même façon que les sécrétions glandulaires correspondantes dans le canal alimentaire. Les solutions des matières organiques sont néanmoins extrêmement instables elles passent rapidement à l'état de putréfaction. Afin de remédier à cet inconvénient et d'obtenir un extrait qui soit toujours à la portée de l'expérimentateur, on a essayé d'employer toutes sortes de moyens préservatifs. Claude Bernard se servait d'acide carbonique; d'autres emploient la glycérine ou bien le sel commun. Tout en répondant parfaitement au but auquel on les destine, ces préservatifs ont une saveur prononcée, qu'il est impossible de détruire. Pour ma part, j'ai fait quantité d'expériences à ce sujet. Comme le but ultime auquel je visais était d'obtenir une solution capable d'être administrée comme médicament par la bouche, ou d'être employée à la préparation d'aliments artificiellement digérés, j'étais en quête d'un préservatif n'ayant que peu de goût ou d'odeur, ou pouvant s'en débarrasser facilement par l'évaporation. Après bien des expériences, j'optai pour les trois solutions suivantes, comme les plus conformes au but que je poursuivais.

I. *Solution boracique.* — Cette solution contient trois ou quatre pour cent d'un mélange de deux tiers d'acide boracique et d'un tiers de borax. Un extrait de l'estomac ou du pancréas, préparé avec cette solution, se conserve parfaitement et n'a ni goût ni odeur. Cet extrait est, à ce qu'il me semble, tout à fait satisfaisant pour les besoins de l'expérimentation; il est neutre dans les réactions et chimiquement inerte. Il peut aussi être facilement administré par la bouche, pourvu que la dose ne dépasse pas une ou deux cuillerées à bouche. Mais quand on est obligé d'en employer de plus grandes quantités pour la préparation d'aliments artificiellement digérés, et quand ceux-ci doivent être administrés jour par jour en volume suffisant pour soutenir la nutrition, l'estomac est obligé de recevoir une quantité plus considérable d'acide boracique et de borax qu'il n'en peut tolérer sans inconvénient.

II. *Alcool dilué.* — La seconde solution consiste en eau additionnée de douze ou quinze pour cent d'alcool rectifié. Cette solution forme un milieu favorable pour ladite extraction, et la dose d'alcool qu'elle renferme est si petite qu'elle ne saurait être un obstacle pour l'emploi de la solution. D'ailleurs, dans la préparation d'aliments artificiellement digérés, il est presque toujours nécessaire de recourir à une coction ultime, dans laquelle l'alcool s'évapore. En somme, de mes trois solutions, celle-ci est peut-être la plus commode et celle dont l'emploi est le plus général.

III. *Solution de chloroforme.* — Le chloroforme se dissout dans l'eau dans la proportion approximative de 1 pour 200; telle est la dose usitée dans la préparation de l'*aqua chloroformi* de la pharmacopée britannique. C'est un excellent dissolvant des ferments digestifs, et ses propriétés conservatrices sont sans égales. Quelque minime que soit la quantité de chloroforme dissous (deux gouttes et demie à peu près dans une once de liquide), elle suffit pour communiquer à la solution une odeur et un goût assez prononcés, tolérés facilement par certaines personnes, mais non par tout le monde. Du reste, il est facile d'éliminer le chloroforme. Il suffit de verser la dose destinée à être employée dans un verre à vin ou dans une soucoupe et de l'y laisser exposée à l'air pendant trois ou quatre heures, pour que le chloroforme s'évapore presque complètement, en ne laissant derrière lui qu'une simple solution aqueuse des ferments; ou bien, si la solution doit être employée à la préparation d'aliments artificiellement digérés, le chloroforme, très volatil de sa nature, disparaît dans la coction finale. Il ne sera peut-être pas inutile de mentionner que la solution de chloroforme réduit la liqueur de Fehling; cette propriété doit être prise en considération quand on expérimente sur la digestion, dont les phénomènes embrassent le processus de la saccharisation.

Les substances alimentaires se classent naturellement en trois groupes bien définis : les corps hydro-carbonés, protéiques et gras. Je me propose d'étudier la digestion de ces trois groupes dans l'ordre ci-dessus indiqué; non que j'aie l'intention de traiter systématiquement ces sujets, mais bien plutôt pour m'arrêter sur certains points et sur certaines questions que j'ai eu l'occasion d'observer moi-même ou qui ont de l'importance pour la préparation des aliments artificiellement digérés et pour la manière de les administrer aux malades. Je traiterai avec détail les transformations digestives de l'amidon, d'abord parce que cette question est presque entièrement élucidée et aussi parce que ses phénomènes présentent un type qui pourra nous servir de guide dans nos études ultérieures et nous faciliter la solution du problème bien plus complexe de la digestion des corps protéiques.

IV

Ferments diastasiques. Digestion de l'amidon.

L'importance de l'amidon au point de vue de l'alimentation humaine n'a peut-être pas encore été appréciée à sa juste valeur. Si on considère dans quelle énorme proportion les graines des céréales et des plantes légumineuses et les tubercules des pommes de terre entrent dans notre régime alimentaire, aussi bien que l'immense proportion relative de l'amidon contenu dans ces aliments, on peut affirmer, sans crainte de tomber dans l'exagération, que les deux tiers des aliments de l'homme consistent en amidon. A l'état cru, l'amidon se refuse presque complètement à la digestion dans l'estomac humain; mais, après avoir passé par la cuisson, il est digéré avec une grande facilité.

La diastase n'exerce qu'une faible action sur les grains d'amidon non rompus, alors même qu'on les expose à la température du corps humain. Dans les animaux inférieurs, aussi bien que dans les semences germées, les granules d'amidon sont probablement attaqués en premier lieu par quelque autre dissolvant, qui pénètre leur membrane extérieure, permet à la diastase d'atteindre la matière amylacée et d'exercer sur elle son action. La chaleur, l'humidité et la cuisson sont des moyens encore plus efficaces pour provoquer la rupture des grains d'amidon. Leur contenu imbibé d'eau se gonfle énormément, et le tout se transforme presque complètement en une espèce de pâte ou gelée, ou gruau mucilagineux. C'est exclusivement sous cette forme gélatineuse que l'amidon est soumis à notre digestion. La salive et le suc pancréatique, riches tous deux en diastase, se chargent de le digérer. La diastase existe encore en abondance dans le foie et, en moindre proportion, dans le suc intestinal, le sang, l'urine et dans presque tous les liquides interstitiels. Quelle que soit sa provenance, c'est d'une manière identique que la diastase agit sur l'amidon, en le transformant, par une hydratation progressive, en sucre et en dextrine.

Si l'on étudie l'action exercée sur la pâte d'amidon par un liquide contenant de la diastase, — que ce liquide soit de la salive ou un extrait du pancréas, — le premier effet constaté est la liquéfaction de la pâte et la formation d'une solution liquide. Cette transformation s'effectue avec une grande rapidité; deux ou trois minutes suffisent pour changer la pâte dure en liquide aqueux. C'est là évidemment un acte bien distinct, servant de préliminaire au processus de saccharisation qui va suivre. En opérant avec de petites doses de diastase et de fortes doses de pâte d'amidon pur, il est possible de saisir le moment où la liquéfaction est achevée et où la saccharisation n'a pas encore commencé. A ce moment précis, la solution donne la réaction de l'amidon pur et point de réaction de dextrine, ni de sucre. Le processus de saccharisation suit immédiatement la liquéfaction, et, dans les manipulations ordinaires, les deux phénomènes se confondent.

La rapidité de l'opération dépend principalement de la proportion de diastase employée. En combinant les doses de diastase et d'amidon de manière que la saccharisation soit achevée au bout d'une couple d'heures, la marche successive du processus peut être facilement suivie, en usant successivement de réactifs convenables.

Dès que la liquéfaction est complète, on obtient par l'iode un bleu pur, et par la solution de Fehling on a une légère réaction de sucre. Au bout de quelques minutes, la réaction sucrée se prononce davantage, et quoique l'on puisse encore, comme d'ordinaire, obtenir la couleur bleue pure avec de l'iode, en diluant fortement la solution bleue et en y ajoutant plus d'iode, on détermine une nuance violet-foncé, décelant la présence de l'érythro-dextrine, mélangée à l'amidon. Le phénomène suivant sera la disparition totale de la réaction bleue avec de l'iode, remplacée par l'érythro-dextrine colorée en brun intense rougeâtre; peu à peu, cette couleur est remplacée à son tour par un brun jaunâtre, indiquant la présence prépondérante d'un autre genre d'érythro-dextrine. Pendant ce temps, la réaction du sucre va en progressant. Un pas encore, et toute coloration par l'iode disparaît complètement. Mais le phénomène est loin d'être achevé, et la proportion de sucre augmente encore pendant un temps considérable, après que l'iode a cessé de teindre la solution. A la fin pourtant, les phénomènes s'arrêtent, et la proportion de sucre cesse d'augmenter.

L'explication de ces séries de réactions devient impossible, si l'on s'en tient à la vieille opinion touchant la constitution de l'amidon. On a généralement admis jusqu'à présent que la molécule de l'amidon était représentée par la formule relativement simple de $C_{12}H_{20}O_{10}$; que sous l'influence de la diastase cette molécule se dédouble par l'hydratation en deux molécules, l'une de dextrine et l'autre de sucre de raisin.

Les recherches de Musculus et d'O'Sullivan[1] ont démontré que cette explication des phénomènes n'est point tout à fait exacte. En premier lieu, il a été démontré que le sucre produit n'était point du sucre de raisin (dextrose), mais bien une autre sorte de sucre, appelé maltose. Il a de même été prouvé que les dextrines apparues en premier lieu et colorées en rouge et en brun par l'iode se transformaient progressivement, ainsi que d'autres produits simultanés du sucre, en une série de dextrines d'un type inférieur, ne donnant aucune coloration avec de l'iode. C'est à ce dernier genre de dextrine qu'on a assigné le terme achro-dextrine.

1. Les notes d'O'Sullivan sont publiées dans le *Journal of the Chemical Society* de 1872 à 1876. Un compte rendu détaillé de ses recherches est publié dans un mémoire de F.-H. Brown et de J. Héron dans le numéro de septembre 1879 du même journal.

Comme il est désormais acquis que de toutes les sortes de sucre c'est la maltose qui est le produit principal de la digestion de l'amidon par la diastase, ce corps acquiert une importance considérable dans la chimie physiologique. Une description de ses propriétés ne sera donc pas déplacée ici. La maltose est un sucre cristallin, fermentescible, appartenant à la classe de la saccharose (sucre de canne), douée de faibles propriétés sucrées et possédant un atome d'eau de moins que le sucre de raisin. Sa formule est $C_{12}H_{22}O_{11}$. Elle possède une plus grande force rotatrice de la lumière polarisée que le sucre de raisin, mais une force de réduction de l'oxyde cuprique infiniment moindre. La force de rotation de la maltose est + 150, celle du sucre de raisin + 58. La force de réduction de la maltose, comparée à celle du sucre de raisin, est de 61 pour 100. La maltose peut être hydratée en sucre de raisin au moyen d'une cuisson prolongée avec des acides dilués. La diastase du malt ne possède pas cette action; mais nous allons voir que les ferments diastasiques de l'intestin grêle sont susceptibles d'effectuer lentement les mêmes transformations.

En face des recherches de Musculus et d'O'Sullivan, on est obligé d'admettre que la molécule de l'amidon soluble ou amidon liquéfié est une molécule composée, contenant plusieurs membres du groupe $C_{12}H_{20}O_{10}$, qui doit être considéré comme le radical constituant de la molécule composée de l'amidon. La molécule de l'amidon doit donc être dorénavant représentée par la formule $n(C_{12}H_{20}O_{10})$, — la valeur de n n'étant pas encore suffisamment déterminée.

Ces recherches ont été continuées par deux chimistes distingués de Burton-on-Frent, H. F. Brown et J. Héron, qui ont pleinement confirmé les principales conclusions de Musculus et d'O'Sullivan. Dans une publication récente (*Journal of the Chemical Society*, Septembre 1879), ils ont présenté, pour la première fois, un tableau à peu près complet de la série des transformations subies par l'amidon sous l'action de la diastase. Selon eux, la molécule de l'amidon soluble est composée de dix membres du groupe $C_{12}H_{20}O_{10}$, et sa formule doit être représentée par 10 $(C_{12}H_{20}O_{10})$. Ce nouveau point de vue explique plus facilement l'hydratation progressive de l'amidon par la diastase.

Comme nous l'avons vu, l'amidon, à l'état de pâte ou de gelée, se distingue nettement, par ses propriétés physiques, de l'amidon à l'état soluble ou liquéfié. Il doit donc y avoir, selon toute probabilité, quelque différence dans le groupement moléculaire de l'amidon sous ces deux états ; il ne serait peut-être pas impossible d'admettre que l'amidon gélatineux est formé de molécules plus complexes que l'amidon soluble ; que plusieurs molécules de l'amidon soluble se groupent pour former la molécule de l'amidon gélatineux.

En nous basant sur ces présomptions, nous pouvons représenter les phases successives de la digestion de l'amidon gélatineux par les séries suivantes d'équations.

La molécule de l'amidon gélatineux $= n(C_{12}H_{20}O_{10})$ est avant tout dédoublée en *n* molécules d'amidon soluble. La molécule de l'amidon soluble est, à son tour, décomposée par un dédoublement et une hydratation progressifs, en dextrine et en maltose, en subissant la série suivante de transformations :

Une molécule d'amidon soluble $= 10(C_{12}H_{20}O_{10}) + 8(H_2O) =$

1. Erythro-dextrine α......	$9(C_{12}H_{20}O_{10})$	$+ (C_{12}H_{22}O_{11})$	maltose.
2. Erythro-dextrine β......	$8(C_{12}H_{20}O_{10})$	$+ 2(C_{12}H_{22}O_{11})$	»
3. Achroo-dextrine α......	$7(C_{12}H_{20}O_{10})$	$+ 3(C_{12}H_{22}O_{11})$	»
4. Achroo-dextrine β......	$6(C_{12}H_{20}O_{10})$	$+ 4(C_{12}H_{22}O_{11})$	»
5. Achroo-dextrine γ......	$5(C_{12}H_{20}O_{10})$	$+ 5(C_{12}H_{22}O_{11})$	»
6. Achroo-dextrine δ......	$4(C_{12}H_{20}O_{10})$	$+ 6(C_{12}H_{22}O_{11})$	»
7. Achroo-dextrine ε......	$3(C_{12}H_{20}O_{10})$	$+ 7(C_{12}H_{22}O_{11})$	»
8. Achroo-dextrine θ......	$2(C_{12}H_{20}O_{10})$	$+ 8(C_{12}H_{22}O_{11})$	»

Le résultat final de la transformation est représenté par l'équation

$$\underset{\text{Amidon soluble.}}{10(C_{12}H_{20}O_{10})} + \underset{\text{Eau.}}{8H_2O} = \underset{\text{Maltose.}}{8(C_{12}H_{22}O_{11})} + \underset{\text{Achroo-dextrine.}}{2(C_{12}H_{22}O_{10})}$$

Nous supposons que l'action du ferment s'exerce en dissociant graduellement les groupes constitutifs ou radicaux de la molécule instable de l'amidon soluble, en les détachant l'un après l'autre de la molécule-mère; à peine détaché, chaque radical s'approprie un atome d'eau et devient un atome de maltose. A chaque soustraction, la molécule-mère groupe plus fortement les particules qui restent et constitue une nouvelle sorte de dextrine. A mesure que le processus avance, la molécule de dextrine devient de plus en plus minime, c'est-à-dire contient de moins en moins de radicaux constitutifs ; les dextrines d'ordre supérieur donnent une coloration en brun ou en rouge avec l'iode, tandis que les dextrines d'ordre inférieur ne donnent aucune réaction avec l'iode. Il faut ajouter que le processus de transformation ayant atteint son point culminant, il reste encore une portion d'achroo-dextrine qui n'a point été transformée en maltose. La diastase n'exerce qu'une action très lente sur ce résidu. La réaction une fois terminée, le résultat centésimal en chiffres ronds sera de 80 pour la maltose et de 20 pour l'achroo-dextrine. Les huit variétés de dextrine, indiquées sur le tableau d'équations ci-dessus, n'ont pas été toutes obtenues à l'état isolé; mais il y a de fortes présomptions pour admettre l'existence, à l'état de corps indépendants, de plusieurs au moins d'entre elles.

L'exposé que nous venons de donner de la

transformation de l'amidon a été tiré d'une étude sur l'action de la diastase extraite du malt. Ici surgit une question d'une grande importance physiologique, à savoir, si l'action de la diastase salivaire et pancréatique est identique à celle de la diastase du malt. Les recherches de Musculus et de von Mering [1] donnent à cette question une réponse affirmative. Ces observateurs prétendent que la salive et l'extrait pancréatique agissent sur la pâte d'amidon de la même manière que la diastase du malt, le produit ultime étant, dans les deux cas, de l'achroo-dextrine et de la maltose et non de la dextrose (sucre de raisin). A ma requête, M. H. T. Brown a bien voulu soumettre ce point à un plus ample examen, pour ce qui regarde l'extrait pancréatique. Ses observations sont tout à fait d'accord avec les conclusions de Musculus et de von Mering. Il trouve néanmoins qu'il y a une légère différence dans les résultats, quand l'action de l'extrait pancréatique et de la diastase du malt sur l'amidon se prolonge assez longtemps. Outre la propriété, qu'il partage avec la diastase du malt, de transformer lentement l'achroo-dextrine la plus inférieure en maltose, le ferment pancréatique jouit de la propriété de transformer lentement la maltose en dextrose (sucre de raisin), propriété que ne possède à aucun

1. Maly's *Jahresbericht für Thier-Chemie for 1878*, p. 40.

degré la diastase du malt. M. Brown me communique en même temps qu'il se trouve dans l'intestin grêle un ferment doué de propriétés analogues.

Rôles respectifs de la salive et du suc pancréatique dans la digestion de l'amidon. — La part qui revient à la salive et au suc pancréatique dans la digestion de nos aliments féculents est probablement variable et n'est point toujours identique.

Comme tous nos aliments féculents ne sont employés qu'après une cuisson préalable, l'amidon qu'ils contiennent est gélatinisé d'une manière plus ou moins complète ; il est donc probable que l'effet principal de la diastase salivaire de l'homme consiste à liquéfier cette gelée d'amidon. Il suffit d'un contact très rapide pour obtenir cette transformation, qui a une grande importance pour les opérations subséquentes de l'estomac. Nos gruaux, nos blanc-manger, nos puddings et tous les mets farineux de ce genre, doivent leurs propriétés de consistance pâteuse à l'état gélatineux de l'amidon. Or, on ne saurait imaginer rien qui s'oppose davantage à la pénétration rapide de la masse alimentaire par le suc gastrique et à sa réduction en pulpe ou chyme uniforme, que la présence de masses compactes de pâte d'amidon. Si les services rendus par la salive se bornaient à celui ci-dessus mentionné, son rôle dans la digestion des aliments serait encore des plus importants.

On a beaucoup discuté sur la question de savoir si la saccharisation de l'amidon se passe dans l'estomac et jusqu'où elle y est poussée. Mes observations m'ont amené à la conclusion que ceci dépend du degré d'acidité du contenu de l'estomac; or ce degré oscille, comme on ne l'ignore point, dans de très larges limites. Après que l'aliment est avalé, il faut un certain temps pour que le suc gastrique pénètre la masse alimentaire, et l'acidité du contenu gastrique est très faible au commencement. A mesure que la digestion suit son cours, le contenu de l'estomac tend à s'acidifier de plus en plus. C'est là un point que chacun peut observer pour son propre compte. L'acte digestif, une fois commencé, ne s'arrête plus. La formation du petit lait que nous constatons chez les enfants a lieu également, quoique à un moindre degré, chez l'adulte, et nous sommes quelquefois avertis, d'une manière assez désagréable, par notre palais, de la marche ascendante de l'acidulation de l'estomac. La salive agit énergiquement dans un milieu neutre et légèrement acidulé; mais son activité est entravée et finalement arrêtée quand l'acidité devient trop prononcée. Si la digestion suit son cours normal, un certain intervalle de temps se passe, avant que l'acidité de l'estomac acquière des proportions considérables, intervalle pendant lequel la diastase salivaire continue à fonctionner et fait beaucoup de besogne. Mais, ne l'oublions point, les conditions dans lesquelles se trouvent le plus souvent nos aliments féculents ne sont point favorables à une digestion rapide. D'ordinaire, ce n'est point à l'état mucilagineux, mais bien sous la forme de pâte solide, qu'ils se présentent à nous, comme par exemple dans le pain, le pudding, les pâtisseries. Souvent aussi, ils ne sont qu'imparfaitement cuits. Par conséquent la plus grande partie de nos aliments féculents atteint le duodénum sans avoir été transformée ou n'ayant subi que de légères modifications, en sorte que la plus grande partie de la besogne est accomplie par le suc pancréatique, dans le milieu alcalin de l'intestin grêle. J'aurai l'occasion de revenir plus tard sur cette question, quand je traiterai de la digestion gastrique.

On a signalé un fait curieux : la salive de l'homme posséderait plus d'action diastasique que celle de n'importe quel animal. Chez les herbivores, ces consommateurs en grand de l'amidon, la salive a comparativement moins d'action diastasique, et chez quelques-uns, chez le cheval par exemple, elle en est totalement dépourvue. Je présume que la raison de ce phénomène pourrait bien être que l'homme seul, ayant appris à cuire ses aliments féculents, l'action diastasique de sa salive se serait développée à mesure que se multipliaient les occasions de l'exercer. Dans la salive du cheval, cette action de la diastase eût été inutile — l'animal prenant ses aliments sous leur forme naturelle et la salive n'ayant point d'action sur l'amidon cru.

Quand peut-on considérer l'amidon comme parfaitement digéré? — La digestion de l'amidon donnant naissance à un certain nombre de produits intermédiaires, on se demande à quel moment il est permis d'en considérer la digestion comme complètement terminée. La maltose est-elle le seul produit absorbé? Les dextrines, en particulier l'achroo-dextrine, sont-elles aussi absorbées? Les dextrines, même celles colorées par l'iodine, sont diffusibles à un haut degré et, dans le dialyseur, traversent facilement le papier-parchemin. Elles présentent sous ce rapport un contraste nettement accusé avec la gelée d'amidon et même avec l'amidon liquéfié (ou soluble), ces derniers n'étant point dialysables. Il n'est pas impossible que les dextrines inférieures soient absorbées dans une forte proportion; car, si nous poursuivons l'histoire de l'amidon après qu'il a été transformé par la digestion et absorbé, un fait remarquable se présente à notre attention : après l'absorption, les produits de la digestion de l'amidon, ou tout au moins une grande partie de ces derniers, vont subir dans le foie une transformation inverse en une substance qui se rapproche beaucoup de l'amidon non digéré. Le glycogène, dans ses traits essentiels, est une contre-partie exacte de l'amidon soluble. Il forme avec l'eau une solution opalescente, n'est point dialysable et se transforme, sous l'action de la diastase, en dextrine et en sucre.

Il est permis d'admettre qu'il eût été très avantageux pour l'économie, que la portion de nos aliments féculents destinée à être emmagasinée dans le foie à l'état de glycogène, eût été absorbée à une phase antérieure de la digestion; moins l'amidon perdrait de substance digérée au moment de l'absorption, moins de phases régressives il lui resterait à parcourir pour reprendre, après l'absorption, sa forme amylacée.

Il n'est pas nécessaire de supposer que les phases ascendantes du processus régressif soient identiques avec les phases descendantes de la digestion; mais il est probable, vu la similitude étroite des produits obtenus, qu'elles sont foncièrement analogues. Dans tous les cas, en l'état actuel de nos connaissances, il n'y a point lieu d'affirmer que le sucre soit le seul produit absorbable de la digestion de l'amidon.

Energie absolue de la diastase. — L'idée que l'énergie de la diastase ne se consume point dans l'action nous paraît, même *à priori*, insoutenable; l'affirmer serait se mettre en contradiction avec le principe généralement admis en physique, en vertu duquel toute force se dépense et s'use finalement dans l'activité. Il est facile de démontrer expérimentalement que la diastase ne forme point d'exception à cette règle. Payen et Persoz estiment que la diastase du malt est capable de convertir en sucre deux mille fois son poids d'amidon. Mes expériences personnelles indiqueraient une force bien supérieure encore. L'expérience suivante constate l'énorme puissance diastasique de la diastase pancréatique, en même temps que les bornes dans lesquelles cette puissance est strictement limitée.

On prépara une certaine quantité d'amidon mucilagineux, contenant 1 pour 100 d'amidon pur de pomme de terre; 100 centimètres cubes de ce mucilage contiennent exactement 1 gramme d'amidon sec. L'extrait pancréatique dont on se servit avait été préparé de la manière suivante. Le pancréas frais de cochon, débarrassé de sa graisse, fut trituré avec un poids égal de sable fin, jusqu'à ce que le tout ne formât qu'une pulpe homogène et molle. Finement éparpillée sur des lames de verre, cette pulpe fut exposée au grand air, où on la laissa sécher pendant une quinzaine de jours. Grattée ensuite avec un couteau, elle donna une espèce de poudre menue et inégale. 125 grammes de ce mélange de pancréas et de sable furent infusés, à la température ordinaire de la chambre, dans 1000 centimètres cubes de solution de chloroforme saturée, à laquelle une nouvelle quantité de chloroforme fut ajoutée pour prévenir la décomposition. La mixture fut laissée dans cet état pendant quatre jours, durant lesquels on eut soin de l'agiter de temps en temps; ensuite elle fut filtrée à travers du papier. L'extrait de pancréas préparé de cette manière rend de grands services, et je m'en suis servi dans la plupart des expériences que j'ai eu lieu de faire sur la digestion pancréatique.

L'action de cet extrait s'étant montrée trop énergique, il fut nécessaire de le diluer considérablement, afin de placer les quantités d'amidon sur lesquelles on opérait dans les bornes d'un espace donné. Par conséquent, on dilua 1 centimètre cube de l'extrait dans 1000 centimètres cubes d'eau; 5 fioles numérotées furent remplies séparément de 100 centimètres cubes du mucilage d'amidon préparé de cette manière, de façon que chacune des fioles contint exactement 1 gramme d'amidon sec; 1 centimètre cube de l'extrait pancréatique dilué fut ajouté à la fiole n° 1, 2 centimètres cubes au n° 2, 4 centimètres cubes au n° 3, 6 centimètres cubes au n° 4, et 8 centimètres cubes du même extrait dilué furent adjoints à la fiole n° 5. Ensuite, les fioles furent bouchées et placées dans une étuve dont on maintint soigneusement la température, à l'aide du régulateur de Page, à 100 degrés F. (38° C.).

Au bout de vingt heures, on procéda à l'examen du contenu des fioles. Le contenu de toutes était d'une parfaite transparence, avait complètement perdu l'aspect opalescent que présente le mucilage d'amidon à l'état primitif, et aucun d'eux ne contenait le moindre vestige de dépôt. Les réactions suivantes marquaient les phases progressives de la transformation.

Le n° 1 donnait une coloration d'un bleu intense avec l'iode; quand on diluait considérablement la solution bleue, et si l'on y ajoutait plus d'iode, elle présentait une teinte violette, indiquant l'abondance de l'érythro-dextrine; elle jouissait aussi de la propriété de réduire librement la solution cupro-potassique.

Le n° 2 donnait une forte réaction bleue avec l'iode; en diluant la solution et en y ajoutant plus d'iode, on obtenait une couleur rouge foncée, de la teinte du vin de Bordeaux, dénotant l'abondance de l'érythro-dextrine. Traitée par la solution de Fehling, celle-ci et toutes les autres donnaient une forte réaction sucrée.

Le nº 3 ne présentait point de réaction bleue avec l'iode, mais bien la couleur intense du vin de Porto, propre à l'érythro-dextrine.

Le nº 4 ne donnait point de réaction bleue avec l'iode; traité par ce réactif, il présentait une coloration brun très clair, n'indiquant que des traces d'érythro-dextrine.

Le nº 5 ne présentait plus de réaction avec l'iode. Il ne contenait ni amidon, ni érythro-dextrine, mais donnait une forte réaction de sucre.

Les transformations du nº 5 pouvaient donc être considérées comme achevées; mais les autres contenaient encore soit de l'amidon, soit de l'érythro-dextrine, soit ces deux principes. On replaça donc les nºs 1, 2, 3 et 4 dans l'étuve d'où on les avait tirés, et, dans le délai de sept heures, on les soumit à un nouvel examen. Le nº 4 ne donnait pas la plus légère réaction avec l'iode; mais les nºs 1, 2 et 3 ne révélaient que de légers symptômes de modifications subies et furent par conséquent replacés dans l'étuve.

Au bout de quarante-huit heures à partir du moment où l'on avait commencé l'expérience, les nºs 1, 2 et 3 furent examinés derechef.

Le nº 1 donnait une forte coloration bleue avec

l'iode, ainsi qu'une réaction prononcée d'érythro-dextrine.

Le n° 2 ne donnait plus de teinte bleue avec l'iode, mais produisait une réaction intense d'érythro-dextrine.

Le n° 3 ne donnait avec l'iode qu'une réaction d'un brun jaunâtre, d'une intensité modérée.

Après un nouveau séjour de soixante-dix heures dans l'étuve, on ne put constater de modification sensible dans le contenu des trois fioles. Chacun d'eux donnait exactement les mêmes réactions qu'auparavant. Il était évident que, dans ces fioles, l'action diastasique avait parcouru, dans la période de quarante-huit heures, le cycle de son évolution et que les solutions étaient arrivées forcément à l'état de repos, le ferment ayant usé son énergie et atteint la limite de sa force active, avant d'avoir achevé sa tâche. Il avait accompli néanmoins une dose de travail qui semblera merveilleuse, vu son volume infinitésimal. Nous allons essayer de mesurer approximativement la dose de ce travail, tel qu'il nous est indiqué par les expériences ci-dessus.

On a trouvé que l'extrait pancréatique primitif, réduit à l'état sec par l'effet de l'évaporation dans un bain-marie, laisse un résidu de 1,5 pour 100 de matières organiques. Outre la diastase, celles-ci contiennent beaucoup de ferment albuminosique (trypsine) et une certaine quantité du ferment coagulatif, ou ferment doué de la propriété de cailler le lait. On y trouve, en outre, des matières protéiques digérées; car on ne saurait faire un extrait du pancréas sans provoquer du coup un phénomène de digestion aux dépens du tissu glandulaire. Si l'on tient compte de ces divers mélanges, on fera largement les choses en estimant le ferment diastasique à un quatrième du total des matières organiques. En chiffres ronds, la proportion de la diastase serait donc de 0,4 pour 100 pour l'extrait primitif et de 0,0004 pour 100 pour l'extrait dilué.

La dose de diastase ajoutée à la fiole n° 4 semble répondre exactement à la quantité requise pour la transformation d'un gramme (15,5 grains) d'amidon, dans l'espace de quarante-huit heures, à une température de 100° F. (38° C.). Le total de l'extrait dilué, ajouté à cette fiole, était de 6 centimètres cubes, ce qui représente, en prenant pour base le calcul ci-dessus, une dose de diastase pure de 0,000024. Une supputation, facile à opérer, nous amène au surprenant résultat que voici : la diastase pancréatique jouit de la propriété de transformer en sucre et en dextrine jusqu'à 40 000 fois son propre poids d'amidon.

La rapidité avec laquelle une quantité donnée d'amidon se transforme sous l'action de la diastase dépend essentiellement de la dose du ferment mis en œuvre. Dans les expériences que nous venons de citer, la quantité de la diastase ayant été fort minime en comparaison du total de l'amidon, l'opération se poursuivit lentement pendant quarante-huit heures. Mais, si nous renversons les proportions et mêlons une petite quantité d'amidon à une grande quantité de diastase, la transformation se fait instantanément.

Si dans un tube à réaction, à demi rempli d'extrait pancréatique en activité, vous laissez prestement tomber quelques gouttes de gelée d'amidon, vous n'aurez pas le temps, quelque rapides qu'aient été vos manipulations, de constater les réactions produites dans le mélange par l'amidon ou la dextrine. Le processus de transformation a suivi immédiatement l'immixtion, de même que l'explosion de la décharge suit la pression de la détente. Entre ces extrêmes opposés se placent diverses gradations. Ce mode d'action diffère complètement de celui que l'on constate dans le jeu des affinités chimiques ordinaires. Si vous ajoutez une goutte d'acide à un excès d'alcali, l'acide est instantanément neutralisé et les phénomènes s'arrêtent; inversement, si vous ajoutez une goutte d'alcali à un excès d'acide, l'effet sera également instantané, l'affinité de ces deux corps l'un pour l'autre étant mutuelle. Mais tel ne sera point le cas pour ce qui concerne l'action de la diastase sur l'amidon. Ce dernier paraît jouer un rôle tout à fait passif dans le processus; toute l'énergie est du côté de la diastase, et elle n'est mise en liberté que graduellement. Il y a dans ce phénomène quelque chose de si analogue à l'action des organismes vivants qu'il en suggère involontairement le souvenir. Pour faire mieux comprendre ma pensée, permettez-moi de comparer les particules du ferment à un groupe d'ouvriers occupés à disperser de petits tas de pierres. Si ces derniers sont en petit nombre et les ouvriers nombreux, tous les tas seront dispersés à la fois, sans que les ouvriers aient subi une dépense sensible de forces. Si au contraire les tas se comptent par millions et les ouvriers par centaines et que ceux-ci soient obligés de travailler jusqu'à exténuation complète, l'éparpillement des tas durera un temps comparativement long et l'épuisement des forces ne viendra que graduellement.

C'est ici le lieu de faire remarquer que le ferment diastasique n'existe qu'en proportion fort minime dans la salive et le suc pancréatique des jeunes animaux qui tètent. Cette proportion augmente dès qu'ils ont fait leurs dents. Chez l'enfant, la diastase n'apparaît en quantité suffisante pour digérer les aliments féculents que vers le sixième ou septième mois. Par conséquent, avant cette période, on ne saurait recommander pour les enfants l'emploi d'une alimentation féculente.

V

Digestion du sucre de canne ; ferment inversif.

Claude Bernard[1] fut le premier à appeler l'attention sur le fait déjà mentionné que le sucre de canne (saccharose) a besoin, chez les animaux, aussi bien que chez les plantes, de passer par le processus de la digestion avant d'être utilisé au profit de la nutrition. Le sucre de canne, accumulé dans la racine de la betterave et dans la canne à sucre, doit, avant de pouvoir circuler dans la sève et de prendre part au mouvement nutritif de la plante, être transformé par la fermentation en sucre interverti. Le même savant a trouvé aussi qu'une transformation analogue était indispensable pour que le sucre de canne pût être assimilé par les animaux. Il a démontré que le sucre de canne, injecté dans le sang, y circule à l'état de corps inerte, sans participer en aucune façon à la nutrition des tis-

1. CLAUDE BERNARD, *Leçons sur les phénomènes de la vie*, t. II, p. 36. Paris, 1879.

sus, et finit par être entièrement éliminé avec l'urine, sans avoir subi aucune altération. C'est là pourtant un élément important de notre nutrition que nous consommons journellement en grande quantité, et nous savons de source certaine qu'une fois consommé de cette manière, il ne se comporte point comme un corps inerte, destiné à circuler pendant quelque temps dans le sang, pour être ensuite éliminé par les reins comme un produit inutile. Il est évidemment absorbé et assimilé; pour cela, dans les animaux, aussi bien que dans les plantes, il doit être, à un moment quelconque, transformé et digéré. En s'appuyant sur ce raisonnement, Cl. Bernard se mit à chercher, le long du trajet alimentaire, le ferment inversif, nécessaire à la saccharose, et après l'avoir vainement cherché dans la salive, l'estomac et le pancréas, il finit par le trouver dans l'intestin grêle. Il constata que c'est dans cet endroit que le sucre de canne se transforme en sucre interverti, par l'action d'un ferment en tout semblable à celui servant au même usage dans la levure, la racine de betterave et le sucre de canne.

La transformation du sucre de canne en sucre interverti est représentée par la simple équation :

$$\underset{\text{Saccharose.}}{2C_{12}H_{22}O_{11}} + \underset{\text{Eau.}}{2H_2O} = \underset{\text{Dextrose.}}{C_{12}H_{24}O_{12}} + \underset{\text{Lévulose.}}{C_{12}H_{24}O_{12}}$$

La présence du ferment inversif a été constatée par Claude Bernard dans l'intestin grêle des chiens, des lapins, des oiseaux et des grenouilles. Balbiani le trouva dans l'intestin du ver à soie. Moi-même, je le constatai dans l'intestin grêle du cochon, du poulet et du lièvre. Il n'existe point dans le gros intestin.

Quoique mes observations sur ce sujet coïncident en général avec celles de Claude Bernard, j'ai noté pourtant deux points dignes, selon moi, de fixer l'attention. Premièrement, j'ai observé qu'une portion de l'intestin grêle, infusée dans l'eau, donne une infusion jouissant de la propriété de transformer le sucre de canne, tandis que cette même infusion, filtrée à travers du papier jusqu'à clarification complète, ne possède plus cette action. Il semblait que le ferment inversif ne se dissolve point librement ou même ne se dissolve pas du tout, mais reste attaché à certains éléments figurés, contenus dans l'intestin. Secondement, je notai l'extrême lenteur du processus. Si l'on ajoute du sucre de canne à l'infusion non filtrée de l'intestin et si l'on maintient la préparation à la température du sang, il faut généralement une couple d'heures pour réduire la solution avec le réactif cuprique. Ces deux faits rappelant d'une manière frappante un des caractères des ferments figurés, je ne puis m'empêcher de penser qu'il y a là quelque chose qui demande à être élucidé.

VI

Pepsine et trypsine. Digestion des corps protéiques.

L'homme se sert pour son alimentation de substances albuminoïdes ou protéiques de divers genres. Les plus importantes de toutes sont la fibrine de la viande, la caséine du lait et l'albumen de l'œuf, fournies par le règne animal, ainsi que le gluten, l'albumen et la légumine, que nous tirons du règne végétal.

Les albuminoïdes sont attaqués par les ferments digestifs dans deux points du canal alimentaire : par la pepsine dans l'estomac et par la trypsine dans l'intestin grêle. Il se fait dans le duodénum comme une interruption entre ces deux actes du processus digestif, à cause du brusque passage de la réaction acide à la réaction alcaline qui a lieu dans ce point.

Chez tous les êtres vivants, la digestion gastrique est essentiellement une digestion acide; quant à la nature de cet acide, les opinions les plus diverses ont été émises sur son compte. On a tour à tour supposé que c'était de l'acide chlorhydrique, de l'acide lactique, de l'acide phosphorique, de l'acide butyrique et même de l'acide acétique. Cette confusion provenait en grande partie de ce que l'on ne faisait pas de distinction entre l'acide du suc gastrique pur, sécrété dans un estomac vide et l'acide du contenu gastrique, produit pendant l'acte de la digestion d'un aliment. Les recherches toutes récentes de Ch. Richet [1] ont versé une lumière toute nouvelle sur ce sujet. Cet observateur s'est trouvé placé dans des conditions particulièrement favorables à l'étude du suc gastrique. Il donnait des soins à un jeune homme sur lequel Verneuil avait pratiqué avec succès l'opération de la gastrotomie, pour le soulager d'un rétrécissement imperméable de l'œsophage, produit par une quantité considérable de potasse caustique que le sujet avait eu l'imprudence d'avaler. L'occlusion complète de l'œsophage permettait à Richet de recueillir et d'analyser le suc gastrique à l'état pur, non altéré par la salive. La nourriture était introduite par la fistude laissée ouverte après la guérison, et l'observateur pouvait à toute heure —de même que dans le cas fameux d'Alexis Saint-Martin — recueillir une certaine quantité de suc gastrique et l'examiner à son aise. Richet se servit, dans cette occasion, de la nouvelle méthode d'iso-

1. *Du suc gastrique*, par Ch. Richet. Paris, 1878.

ler l'un de l'autre les divers acides organiques et minéraux, méthode introduite par Berthelot en 1872 [1].

En agitant une solution aqueuse d'un acide quelconque avec de l'éther et en laissant ensuite les deux fluides se séparer, Berthelot avait trouvé qu'une partie de l'acide se transformait en éther, tandis que le reste s'unissait à l'eau et que le rapport entre les deux parties était une quantité constante. Il appela ce rapport *coefficient de partage* et constata que sa proportion formait un trait caractéristique de chaque acide particulier. Ainsi, les solutions des acides minéraux, agitées avec de l'éther, ne lui abandonnaient rien ou presque rien, tandis que les acides organiques se transformaient en éther dans des proportions considérables, quoique très variables, de manière à former un rapport constant avec la nature de l'acide.

En traitant par cette méthode le suc gastrique pur, non altéré par les aliments ou la salive, Richet constata que l'acide presque tout entier était fixé par l'eau et qu'une petite quantité seulement — à peu près 1 sur 22 — se transformait en éther. Ceci prouvait que l'acide du suc gastrique pur consistait presque entièrement en acide minéral,

1. *Ann. de chimie et de physique*, 4e série, t. XXVI, p. 396.

mélangé d'une dose minime d'acide organique. L'acide organique (traité par la même méthode) fournissait un coefficient de partage se rapprochant beaucoup de celui de l'acide sarcolactique. La nature de l'acide minéral fut déterminée à l'aide d'une méthode semblable à celle employée par C. Schmidt et donna le même résultat, en démontrant d'une manière évidente que l'acide minéral du suc gastrique pur était un acide chlorhydrique. Mais Richet trouva qu'en présence des sels, des acides organiques, cet acide minéral ne se comportait point exactement comme le fait l'acide chlorhydrique libre. Les observations de Berthelot avaient démontré que si l'on ajoute de l'acide chlorhydrique libre à une solution d'acétate de soude ou d'un autre sel organique du même genre, l'acide minéral s'incorpore la base tout entière et chasse dans la solution tout l'acide organique libre, en sorte que la mixture traitée par la méthode du coefficient de partage se comporte exactement comme une solution pure d'acide organique. En traitant de cette manière le suc gastrique pur, on a trouvé que, quoiqu'il dégageât beaucoup d'acide organique, ce n'était pourtant pas dans une proportion aussi forte que si l'acide minéral qu'il contenait avait été tout à fait libre. Il se comportait plutôt comme le fait l'acide chlorhydrique uni à quelque faible base organique, telle que la leucine ou la peptone. En se basant sur ces expériences, qui semblent faites avec beaucoup de soin, Richet fut amené à conclure que cette faible base n'était, selon toute probabilité, autre chose que la leucine, extraite du mucus gastrique, et que l'acide du suc gastrique inaltéré était l'acide chorhydrique, faiblement combiné avec la leucine.

Ensuite Richet procéda, toujours sur le même sujet pourvu d'une fistule gastrique, à l'examen de l'acide libre qui se trouve dans l'estomac pendant la digestion d'un aliment. Il trouva, comme on devait s'y attendre, que celui-ci différait de l'acide du suc gastrique non altéré, précisément par une bien plus grande proportion d'acides organiques, comparativement à l'acide minéral. Il était évident que ce dernier avait été absorbé, dans une large mesure, par les bases des acétates, malates, lactates, butyrates et autres sels organiques, toujours présents dans les aliments, et qu'il avait mis en liberté leurs acides organiques. L'œuvre réelle de la digestion, en ce qui concerne tout au moins le rôle des acides constituants, est accomplie en grande partie par divers acides organiques, mis ainsi en liberté dans les aliments soumis à la digestion.

Richet trouve que, tout en variant dans des limites considérables, l'acidité du contenu de l'estomac durant le processus digestif révèle une tendance marquée à se maintenir dans une moyenne normale. Si l'on ajoute des acides ou des alcalis à la masse alimentaire en voie de digestion, le niveau moyen ne tarde pas à se rétablir automatiquement, l'estomac cessant, dans le premier cas, de sécréter de l'acide et en sécrétant, au contraire, une dose plus forte, dans le dernier.

Action du suc gastrique sur les ferments salivaire et pancréatique. — Les observations de Berthelot sur la propriété dont est doué l'acide minéral de mettre en liberté les acides des sels organiques et de prendre leur place dans les bases, ainsi que les observations ultérieures de Richet, servant à démontrer que les acides libres du contenu gastrique pendant la digestion étaient des acides organiques, ont contribué à soumettre à un nouvel examen un point d'une certaine importance : savoir si le ferment salivaire et plus particulièrement le ferment pancréatique sont ou ne sont point détruits par le contenu acide de l'estomac. Ainsi posée, la question a un intérêt pratique. S'il est prouvé que l'acide gastrique détruit ces ferments, il est évidemment inutile d'administrer, durant la digestion, des préparations pancréatiques par la bouche, puisqu'elles sont destinées à être réduites à l'état inerte par le contenu acide de l'estomac. D'un autre côté, si elles ne sont point détruites pendant leur séjour dans l'estomac, mais y restent à l'état passif, pour recouvrer ensuite leur activité dans le milieu alcalin de l'intestin grêle, on peut administrer des préparations pancréatiques pendant la période de la digestion, avec toute probabilité de les voir traverser le pylore sans avoir subi d'altération et activer d'une manière efficace la digestion dans l'intestin grêle.

Une série d'expériences touchant cette question ont été, vers la fin de l'année dernière, soumises par F. Defresne à l'Académie de médecine et à l'Académie des sciences, où elles ont attiré quelque attention. Voici quelles sont les conclusions auxquelles aboutit Defresne en se basant sur ces expériences : que l'action de la salive sur l'amidon continue à s'exercer sans interruption dans l'estomac ; que, de même, les ferments pancréatiques conservent leur activité en présence de l'acide gastrique ; que les acides du chyme étant des acides organiques, ne détruisent point en réalité ces ferments, se contentant de les réduire à un état d'inertie temporaire, en sorte que, l'acidité du chyme une fois neutralisée dans le duodénum, ils recouvrent leurs propriétés et exercent sur l'amidon et les corps protéiques la même action que par le passé.

Comme la question se rattache directement à l'emploi médical des préparations pancréatiques et indirectement à celui de la diastase du malt et de l'extrait du malt, j'ai trouvé utile de reprendre quelques-unes des expériences de Defresne en soumettant à l'épreuve par d'autres moyens la question qu'il soulève.

Une des expériences les plus convaincantes en apparence de Defresne est l'expérience suivante, que j'emprunte presque textuellement à l'extrait d'un article publié dans les *Annales de l'Académie de médecine*, 4 novembre 1879. Que résulte-t-il si l'on mélange 20 grammes d'acide chlorhydrique dilué, possédant le double de l'acidité du chyme normal, avec 20 grammes d'albumen de l'œuf? L'acidité du milieu n'est plus due à l'acide chlorhydrique libre, mais bien aux acides lactique et phosphorique du blanc d'œuf, mis en liberté. En présence de ces acides, la pancréatine peut être facilement digérée dans l'étuve dans l'espace de deux heures. Si, au bout de ce laps de temps, l'acidité de la mixture est neutralisée, on voit la digestion s'accélérer et la pancréatine peptoniser trente-huit fois son poids d'albumen.

J'ai repris cette expérience de la manière suivante : 40 grammes de blanc d'œuf cuit et haché furent mélangés avec 40 centimètres cubes d'acide chlorhydrique dilué, dans la proportion de 4 pour 1000. Cette mixture fut ensuite soumise à une digestion préliminaire de deux heures dans l'étuve à 40 degrés C. (104° F.). Le but de cette digestion préliminaire était de laisser à l'acide chlorhydrique le temps nécessaire de s'unir aux bases et de mettre en liberté les acides organiques du blanc d'œuf. Au bout de ce temps, j'ajoutai à la mixture 5 centimètres cubes d'un extrait actif du pancréas. Je répétai l'expérience une seconde fois, exactement de la même manière, avec cette différence que de la salive filtrée fut substituée à l'extrait du pancréas. Ensuite, le mélange fut gardé pendant une heure encore dans l'étuve; après quoi on le filtra et on le neutralisa soigneusement. En traitant avec des réactifs ce mélange neutralisé et filtré, j'obtins à peu près les mêmes résultats que Defresne. Les ferments diastasique et albuminique de l'extrait pancréatique étaient toujours actifs, mais à un bien moindre degré que si l'extrait avait été dilué de la même manière avec de l'eau pure. Dans ma seconde expérience avec de la salive filtrée, la ptyaline se trouvait avoir conservé intacte son activité.

Il se glisse pourtant, dans ces expériences, un élément d'erreur, capable de dénaturer les déductions que l'on voudrait en tirer. Le blanc d'œuf présente une réaction alcaline fortement caractérisée et quoique l'acide dont on s'était servi dans cette expérience possédât le double de la force du suc gastrique normal, pourtant les mixtures ne révélaient, après une digestion préliminaire de deux heures, qu'une acidité relativement faible, car elle n'était que le septième de l'acidité normale du contenu gastrique. Le fait que les éléments salivaire et pancréatique ont la propriété de résister à une faible acidité est connu depuis longtemps. La question se réduit donc à ceci : ces ferments sont-ils capables de résister à l'acidité moyenne du contenu de l'estomac, alors même que celle-ci acquiert des propriétés plus destructives par la présence de la pepsine?

Je procédai à mon analyse de la manière suivante. On établit, et cela à juste titre, une distinction entre l'acidité provenant de l'acide chlorhydrique libre et le même degré d'acidité provenant d'un acide organique. Or l'acide lactique est un acide organique typique; en même temps, c'est un acide dont la présence est souvent, sinon toujours, constatée dans le contenu de l'estomac, pendant l'acte de la digestion. Je préparai une solution d'acide lactique dont la puissance de saturation fût équivalente à l'acide gastrique normal (2 pour 1000 HCl). J'ajoutai à 50 centimètres cubes d'acide lactique dilué 5 centimètres cubes d'une solution de pepsine et 5 centimètres cubes d'un extrait actif du pancréas. Je préparai une autre composition du même genre, où j'eus seulement soin de substituer la salive filtrée à l'extrait pancréatique. Les deux mixtures furent ensuite placées pendant une heure dans l'étuve ; au bout de ce laps de temps, elles furent neutralisées avec soin et soumises à l'analyse. Toutes les deux révélaient un caractère d'inertie complète. Aucun vestige ni d'action amylolytique ni d'action protéique n'avait résisté à la destruction.

J'eus l'occasion d'étudier ce point d'une manière plus satisfaisante encore. Au moment où j'examinai la gorge d'un malade endommagée par un aliment, lésion qui n'avait eu d'ailleurs aucun effet sur sa santé générale, celui-ci rejeta une partie du contenu de l'estomac, que l'on recueillit fort heureusement dans un ustensile propre. Immédiatement filtré, il donna près de 10 centimètres cubes de solution acide transparente. La digestion était commencée depuis trois heures. Une moitié de la solution obtenue fut consacrée à analyser sa force de saturation. L'expérience démontra que sa force d'acidité se rapprochait beaucoup de celle du chyme normal. Cinq gouttes de salive filtrée et cinq gouttes d'extrait pancréatique furent ajoutées à la seconde moitié de la solution, après quoi on plaça la mixture dans l'étuve. Au bout d'une heure, elle fut neutralisée avec soin et divisée en deux parties égales. L'une d'elles, traitée par une goutte de mucilage d'amidon, se montra dépourvue de toute propriété amylolytique. L'autre, mélangée à un volume égal de lait légèrement alcalisé par le bicarbonate de soude, fut placée dans l'étuve. Au bout de douze heures le lait ne présentait aucune trace d'effet digestif.

Je dois insister sur le fait pourquoi, dans les expériences ci-dessus, je me servais de préférence de lait pour mettre à l'épreuve l'action protéolytique. Une longue suite d'observations m'ayant complètement familiarisé avec la manière du lait de se comporter au contact des préparations pancréatiques, j'avais appris à saisir le moindre symptôme d'une action pancréatique.

En présence de ces faits, je ne puis accepter les conclusions de Defresne et de quelques autres savants de Paris, qui soutiennent que la salive et les préparations pancréatiques ont la propriété de résister à l'acidité normale de l'estomac en pleine digestion et recommandent par conséquent d'administrer par la bouche les préparations pancréatiques pendant la période de la chymification. Dans ma prochaine leçon, j'essayerai de déterminer le moment le plus favorable, ainsi que la meilleure méthode d'administrer cette préparation par la bouche avec une pleine certitude de succès.

Protéolyse digestive. — Les transformations subies pendant la digestion par les substances albuminoïdes sont encore très imparfaitement connues. On sait néanmoins que le principal produit ultime de la transformation est la peptone. On sait aussi qu'entre les corps protéiques originaires — l'albumen de l'œuf, la fibrine musculaire, la caséine ou la légumine — et le produit ultime, la peptone, il existe des degrés intermédiaires, des produits secondaires, qu'il a été jusqu'ici aussi difficile de définir que d'isoler. La constitution de la molécule protéique n'est pas encore connue des chimistes. On sait seulement que c'est un agrégat d'une grande complexité, et il est hors de doute que le meilleur moyen d'arriver à une connaissance plus intime de sa constitution se trouve dans l'étude persévérante de l'action exercée sur elle par les ferments digestifs. On a déjà vu, en ce qui regarde l'amidon, que c'est dans l'action de la diastase qu'il faut chercher la clef du problème de la constitution de la molécule d'amidon; en procédant par analogie, il est donc permis d'admettre que le secret de la composition de la molécule protéique ne sera également élucidé que par l'étude de l'action qu'exercent sur elle la pepsine et la trypsine. Jusqu'à présent, l'attention s'est trop exclusivement portée sur la digestion peptique, phénomène qui se complique par l'intervention d'un acide. La digestion pancréatique présente sous ce rapport un phénomène d'un ordre plus simple, puisqu'il ne demande l'intervention ni d'un acide ni d'un alcali, mais constitue une réaction pure et simple, produite par l'action combinée du ferment et des albuminoïdes. C'est là d'ailleurs une question que l'avenir se chargera de résoudre.

Caractères des peptones. — On a réussi à isoler le produit ultime, ou peptone, et à en définir les traits caractéristiques. Si l'on évapore jusqu'à l'assèchement le produit filtré d'une digestion pancréatique d'albumen d'œuf dans un verre de montre à la température de 104° F. (40° C.) on obtient un résidu vitreux, couleur de paille, ressemblant beaucoup à la gomme. Du bout d'un canif on le hache même en parcelles brillantes, que l'on réduit ensuite facilement en une fine poudre blanchâtre; — c'est là de la peptone à l'état presque pur. Cette substance est extrêmement soluble dans l'eau; les solutions qu'elle donne, même fortement concentrées par l'évaporation, ne trahissent jamais aucun caractère gélatineux ou visqueux, mais restent liquides presque jusqu'au moment de l'assèchement. Ce n'est qu'à ce dernier moment qu'on leur voit prendre une consistance légèrement sirupeuse. Quand le dernier stade de l'opération approche, la solution dépose de la tyrosine à l'état de beaux cristaux blancs et de la leucine sous forme de globules sphéroïdaux. En se basant sur la forme solide sous laquelle ces corps cristallins se présentent à nous dans la digestion pancréatique, il est permis de présumer qu'ils constituent une portion essentielle des produits ultimes de la transformation.

Les réactions de la peptone présentent pour la plupart un caractère négatif. Ses solutions ne donnent point de précipités ni avec l'acide nitrique, ni par la coction, ni avec le ferrocyanure de potassium, ni avec l'acide acétique. La manière dont la peptone se comporte en présence de l'alcool est aussi caractéristique. Si l'on jette une forte solution de peptone dans l'alcool absolu, la peptone est précipitée à l'état de dépôt blanc, mais ne se coagule pas complètement en produit insoluble, comme le font tous les autres albuminoïdes; car, du moment où l'on retire l'alcool, le dépôt se trouve avoir conservé sa solubilité dans l'eau, et cela même après un séjour prolongé dans l'alcool. Les solutions de peptone sont précipitées par les sels métalliques qui détruisent les autres albuminoïdes, aussi bien que par le tannin, si les solutions sont neutres. Si elles sont alcalinisées, le réactif cupro-potassique (liquide de Fehling), ajouté en petite dose, provoque une coloration d'un rose vif, tandis qu'il colore en violet les autres albuminoïdes. Sous le rapport physiologique, les propriétés les plus importantes de la peptone consistent dans sa grande solubilité dans l'eau et dans sa diffusibilité à travers les membranes organiques. Pour ce qui touche ce dernier point, des données assez contradictoires ont été fournies par divers observateurs. Otto Funke évaluait la diffusibilité de la peptone à travers la membrane de l'intestin grêle au-dessus de celle du sel commun. D'un autre côté, von Wittich affirmait que les peptones ne traversent pas le papier-parchemin plus rapidement que ne le fait l'albumen inaltéré. Mes propres observations me portent à croire que la peptone est incomparablement plus diffusible à travers le papier-parchemin que ne le sont les albuminoïdes naturels. Dans le lait, par exemple, l'effet opéré sur lui par la digestion se trahit par la manière dont il se comporte dans le dialyseur. Quand le lait a été dialysé pendant quarante-huit heures dans deux fois son volume d'eau, aucune trace de matière protéique ne se retrouve plus dans le liquide; mais, si le lait a été préalablement digéré pendant une couple d'heures, au moyen de l'extrait pancréatique, on obtient, après une dialyse de huit heures, une abondante réaction avec le tannin et la liqueur de Fehling.

Les résultats que j'obtins avec l'albumen de l'œuf ne furent pas moins frappants. Je préparai une solution en agitant du blanc d'œuf avec neuf fois son volume d'eau et en faisant filtrer le produit à travers la mousseline. Dialysée pendant trente-huit heures dans deux fois son volume d'eau, la solution ne présentait plus aucune réaction ni avec le tannin, ni avec le réactif cupro-potassique. Mais cette même solution, préalablement digérée soit par la pepsine jointe à un acide, soit par l'extrait pancréatique, et seulement alors dialysée, donnait au bout de cinq heures une réaction faible, mais néanmoins fort distincte aussi bien avec le tannin qu'avec la liqueur de Fehling. Au bout de seize heures, la réaction était très abondante.

Les physiologistes sont encore loin d'être fixés dans leurs explications théoriques touchant la nature intime des transformations que subissent les albuminoïdes en présence de la pepsine et de la trypsine. Pourtant, des opinions récemment émises tendent à faire admettre que ce phénomène, dans ses traits généraux, n'est qu'un processus de dédoublement progressif, avec hydratation, d'un type très analogue aux transformations de l'amidon par la diastase. Les analyses récentes de Henninger viennent corroborer puissamment cette manière de voir. En opérant sur de l'albumen très purifié, sur de la fibrine et de la caséine, Henninger [1] a réussi à obtenir des peptones à l'état de

1. A. Henninger, *De la nature et du rôle physiologique des peptones*. Paris, 1878.

grande pureté. L'analyse des peptones obtenues de cette manière prouva qu'elles contenaient moins de carbone et d'azote et proportionnellement plus d'hydrogène que leurs albuminoïdes originaires. Les différences de proportion étaient, il est vrai, minimes, mais elles indiquaient nettement que les albuminoïdes, dans le cours de leur transformation en peptones, fixent les éléments de l'eau.

Henninger croit de même avoir réussi à provoquer le phénomène inverse, c'est-à-dire à reconstituer la substance albumineuse des peptones, en traitant celles-ci par des agents déshydratants. Il a trouvé qu'en chauffant la peptone de fibrine avec de l'acide acétique anhydre, à une température de 80° C. (176° F.), ou bien en la maintenant durant une heure à la température de 160 à 180° C. (320 à 356° F.), on obtenait un corps offrant, par ses réactions, une analogie intime avec la syntonine.

Les produits intermédiaires, surgissant dans le cours de la digestion albuminique et dont la place se trouve marquée entre les albuminoïdes originaires et les produits ultimes ou peptones, sont encore très imparfaitement connus. Les laborieuses recherches de Meissner et de Kuhne ont servi à démontrer qu'il existe un certain nombre de ces corps intermédiaires, mais on n'est parvenu jusqu'à présent ni à les isoler convenablement ni à les définir.

VII

Comparaison entre l'action de la pepsine et celle de la trypsine.

Tout en étant analogue dans ses principaux résultats, l'action de la pepsine et celle de la trypsine n'est certainement point identique. Il y a dans la digestion tryptique une production bien plus considérable de leucine et de tyrosine que dans la digestion peptique. En outre, l'action exercée par les deux ferments sur les diverses substances albuminoïdes semble varier aussi bien par son caractère que par son énergie. Le lait est digéré bien plus rapidement par l'extrait pancréatique que par le suc gastrique artificiel; mais, pour ce qui est de l'albumen de l'œuf, l'avantage est décidément du côté du suc gastrique. L'étude de la digestion de l'albumen de l'œuf par les deux procédés a donné quelques résultats intéressants. Dans ce but, je diluai l'albumen de l'œuf avec de l'eau dans la proportion de 1 pour 10. Comme celui-ci ne se coagule point après coction dans un bain-marie, il fournit un milieu favorable pour étudier la digestion de l'albumen, plus favorable certainement que le blanc d'œuf cuit et haché dont on se sert d'ordinaire. Il permet au ferment de se mettre immédiatement en contact intime et uniforme avec les particules de l'albumen, et on évite de cette manière l'irrégularité et le manque de stabilité qui distinguent nécessairement les opérations d'un dissolvant agissant sur des corps solides de différente grandeur, qui ne sont susceptibles d'être attaqués que progressivement de la surface au centre. A l'état cru, cette solution est digérée avec une extrême lenteur par le suc gastrique, tandis que l'extrait pancréatique reste presque inerte à son égard; mais, après coction, il est attaqué avec énergie par le ferment pancréatique aussi bien que par le ferment gastrique [1]. Après coction, on traita la solution dans l'étuve avec de la pepsine et de l'acide chlorhydrique; la transformation de l'albumen se fit rapidement et sans interruption jusqu'au bout. Dans les premières phases du phénomène, la mixture donna un précipité dense avec de l'acide nitrique ainsi qu'avec du ferrocyanure de potassium; mais le précipité devint progressivement moins prononcé, jusqu'à ce que, au bout de deux ou trois heures, les réactifs ne produi-

1. En faisant bouillir cette solution, il est bon de se servir du bain-marie, car autrement une portion de l'albumen se coagule et s'attache au fond du vase, tandis que le liquide se met à mousser, ce qui offre bien des inconvénients.

sirent plus qu'un léger nuage. L'albumen était en ce moment complètement digéré ou tout au moins autant qu'il pouvait l'être, ce vestige de réaction persistant même après une digestion ultérieure de vingt-quatre heures.

Quand je traitai la même solution par l'extrait pancréatique, la marche des phénomènes fut différente. Durant une heure ou deux (le temps varie avec la quantité de l'extrait ajouté), aucun changement apparent ne se produisit; mais au bout de ce temps la mixture perdit ses propriétés liquides, pour se convertir en une masse gélatineuse, ressemblant beaucoup à une fine gelée d'amidon. Peu à peu, la substance gélatineuse se divisa en petites masses qui flottaient dans un liquide transparent. Arrivée à ce point, l'action sembla subir un arrêt. Les masses flottantes de gelée n'avaient subi, au bout de vingt-quatre et même de quarante-huit heures, presque aucune diminution dans leur volume. Quand on procéda à la filtration, les parties liquides de la solution revêtirent une transparence parfaite, tandis que la partie gélatineuse resta dans le filtre. J'obtins ainsi une riche et pure solution de peptone, inaltérée par l'albumen non digéré ou à demi digéré. La partie gélatineuse, insoluble dans l'eau chaude et froide, se dédoubla rapidement en acides et fut alors facilement digérée par la pepsine et par l'acide chlorhydrique. En se servant de grandes doses d'extrait pancréatique, on faisait lentement dissoudre une portion considérable de la matière gélatineuse ; mais le résultat principal restait toujours le même : le ferment pancréatique n'était susceptible de convertir en peptone qu'une partie de l'albumen, tandis que le ferment gastrique transformait toute la quantité donnée de l'albumen, à l'exception d'un résidu insignifiant[1].

Pour ce qui regarde le lait, le rapport des deux ferments est interverti. La digestion tryptique du lait s'effectue rapidement et ne laisse qu'un très léger résidu, tandis que la digestion peptique procède lentement et laisse un résidu considérable. Il me reste à faire encore quelques observations sur la digestion du lait, mais elles seront mieux à leur place quand j'aurai à traiter de l'emploi du ferment tryptique dans la préparation des aliments artificiellement digérés.

Peptogènes. — Je dois m'arrêter ici sur la curieuse hypothèse de Schiff, quant à la production et à la sécrétion de la pepsine et de la trypsine. Schiff a trouvé que quand un aliment insoluble, tel que le blanc d'œuf (ou la fibrine, ou la viande,

1. La plupart des expérimentateurs ont signalé la présence de ce résidu indigestible (surnommé par Meissner dyspeptone) dans la digestion gastrique artificielle des albuminoïdes. J'ai noté le même fait dans la digestion du lait par l'extrait pancréatique.

privée de ses parties solubles), était introduit dans l'estomac d'un animal à jeun, il ne s'y produisait point de sécrétion de pepsine, et l'albumen restait non digéré; mais que si l'on introduisait dans l'estomac, en même temps que l'albumen, certains aliments solubles, la pepsine commençait à être sécrétée et la digestion suivait son cours. C'est à ces substances, douées de la propriété de provoquer la formation et la sécrétion de la pepsine, que Schiff a donné le nom de « peptogènes ». Au nombre des peptogènes les plus actifs se trouvent les solutions de dextrine, l'extrait de viande (bouillon), l'infusion de pois verts, le pain (qui contient de la dextrine), la gélatine et les peptones. Tout au contraire, les solutions de sucre de raisin, l'amidon soluble, l'émulsion des graisses ou des gommes n'ont point d'action peptogénique, et le lait et le café n'en ont qu'une très limitée. Schiff a trouvé encore, qu'injectées dans le sang ou dans le tissu cellulaire, ou bien introduites en lavement dans le rectum, les substances peptogéniques avaient tout autant d'action que quand elles étaient introduites directement dans l'estomac. Mais, injectées dans l'intestin grêle, les peptogènes ne semblent point y exercer d'action ; leur effet est probablement annulé soit par l'action des glandes mésentériques, soit par l'effet de quelque modification qu'ils ont subie durant leur passage le long du conduit thoracique. En se basant sur des expériences aussi nombreuses que souvent répétées, toujours décisives et constantes dans leurs résultats, Schiff fut amené à conclure que l'absorption par le sang de ces aliments solubles était un préliminaire nécessaire de la digestion des albuminoïdes, et que ni la pepsine ni la trypsine n'étaient sécrétées, à moins que ces substances ne préexistassent dans le sang. Selon Schiff, le premier acte de la digestion gastrique consisterait dans l'absorption par les veines de l'estomac de ces peptogènes solubles, enlevés à la masse alimentaire. Il serait immédiatement suivi de la sécrétion de la pepsine et du commencement de la digestion proprement dite [1].

Ces vues et ces expériences de Schiff n'ont pas été sans provoquer bien des contradictions; pourtant elles n'ont pas été démenties jusqu'à présent. Si l'avenir leur donnait gain de cause, la coutume dominante de commencer le repas par le potage recevrait une sanction scientifique.

VIII

Ferment coagulatif.

Personne n'ignore qu'une des propriétés les plus

1. Voir Schiff, *Leçons sur la physiologie de la digestion*, vol. II, p. 200 et suivantes. Paris, 1867.

caractéristiques du suc gastrique consiste à cailler le lait. On l'utilise largement dans la fabrication des fromages. La présure dont on se sert pour ce but depuis l'antiquité la plus reculée est simplement une infusion dans de la saumure du quatrième estomac du veau. Ce n'est point l'action de l'acide contenu dans le suc gastrique qui fait cailler la caséine dans la présure, puisque ce phénomène a lieu quand le lait est neutre ou même légèrement alcalin. Pendant fort longtemps, on avait cru que cette propriété constituait un attribut inhérent à la pepsine ; mais plus tard on s'est vu obligé d'abandonner cette opinion. Par un procédé qu'il serait trop long d'exposer ici dans ses détails, Brucke réussit à produire de la pepsine douée d'une action énergique sur les corps protéiques, mais qui ne possédait qu'à un très faible degré la propriété de cailler le lait. De son côté, M. Benger constata que l'extrait de l'estomac d'un cochon, placé dans de la saumure saturée, exerçait une action énergique sur le lait, mais n'en avait qu'une très faible sur les albuminoïdes. Cet agent du suc gastrique, qui provoque la coagulation du lait, doit donc être considéré comme une substance bien distincte de la pepsine.

Dans le cours de mes expériences sur l'extrait pancréatique, je fis une découverte tout à fait inattendue : c'est que le pancréas possédait, lui aussi, un agent susceptible de cailler le lait. Je constatai l'existence de cette propriété dans le pancréas du cochon, de la brebis, du veau, du bœuf et dans celui des volailles. Quelle que fût la manière de préparer l'extrait de la glande, quel que fût le dissolvant employé, la propriété de faire cailler le lait y persistait toujours; mais l'extrait infusé dans de la saumure surpassait tous les autres en puissance coagulatrice. Si, dans un tube à réaction, vous ajoutez quelques gouttes d'extrait de pancréas à une petite quantité de lait chaud, celui-ci, au bout de quelques minutes, se coagule et forme un caillot véritable. Encore quelques minutes, et le petit lait se sépare du lait caillé. En un mot, le phénomène présente une analogie parfaite avec celui produit par la caillette du veau. En tant que je le sais, la présure du pancréas peut tout aussi bien servir à la fabrication du fromage que la présure du suc gastrique. Pourtant, l'identité de ces deux agents n'est point absolue. Comme je viens de le faire observer, la présure gastrique jouit de la propriété de cailler le lait neutre et même le lait légèrement alcalin; mais, si l'alcali dépasse une proportion fort minime, la présure dont on se sert d'ordinaire n'exerce plus cet effet. J'ai trouvé qu'une alcalescence dépassant celle que produit un grain de bicarbonate de soude dissous dans une once de lait, suffit à empêcher ce dernier de se cailler sous l'influence de la présure gastrique. Mais il n'en est pas de même pour la présure du pancréas. Vous pouvez ajouter deux, trois ou quatre grains de bicarbonate de soude à chaque once de lait, sans que l'action énergique de la présure pancréatique se ralentisse. L'extrait pancréatique jouit aussi de la propriété de cailler le lait neutre ou même légèrement acide. Il m'a même semblé qu'un lait très faiblement acidulé se caillait, sous l'influence de l'extrait pancréatique, plus vite que le lait neutre, mais moins rapidement pourtant que le lait alcalin.

Que l'agent provoquant la coagulation du lait dans l'estomac, aussi bien que dans le pancréas, est bien réellement un ferment et non un agent chimique inorganique, cela nous est suffisamment prouvé par le fait que bouilli ou même chauffé à 160° F. (70° C.) il perd instantanément ses propriétés. J'ai constaté en outre que, à l'exemple d'autres ferments solubles, il est précipité, mais non complètement coagulé par l'alcool, car il recouvre sa solubilité et son activité une fois séparé de ce dernier et cela même après un contact de plusieurs semaines.

Le ferment coagulatif est un corps bien distinct de la pepsine, ainsi que les expériences suivantes vont nous le prouver. Une petite quantité d'extrait saumâtre de pancréas (dont l'action protéolytique a été bien constatée), acidulée par l'acide chlorhydrique dans la proportion de 1 pour 1000, fut ensuite placée pendant trois heures dans l'étuve, à une température de 104° F. (40° C.). Au bout de ce temps, on neutralisa l'extrait avec du bicarbonate de soude. A la suite de ces manipulations, l'extrait se trouva avoir perdu son pouvoir albuminique, tout en conservant presque intacte son action énergique sur le lait. Une portion de ce même extrait saumâtre de pancréas fut filtrée sous l'influence du vide à travers les parois poreuses d'une poterie. La faculté du produit filtré de cailler le lait ne semblait pas avoir diminué; mais il n'avait pas la puissance de dissoudre les caillots. Évidemment, le ferment coagulatif avait traversé librement la poterie, tandis qu'à peine quelques vestiges de trypsine avaient passé à travers.

Quelle est la fonction réelle du ferment coagulatif? A la vue de l'action réactive qu'il exerce sur le lait, on serait tenté de croire, au premier moment, qu'il est lié à la digestion de la caséine. Mais il suffit d'une courte réflexion pour démontrer le peu de validité de cette hypothèse. Quoique, au début de leur existence, tous les mammifères se nourrissent de lait, cet aliment ne constitue point une partie de l'alimentation normale d'aucun être adulte, excepté l'homme. Sa présence universelle dans les organes digestifs des mammifères ne saurait non plus être regardée comme un vestige, une survivance de la période d'allaitement qu'ils ont traversée, car l'estomac et le pancréas des volailles qui n'ont été nourries de lait à aucun moment de leur existence possèdent la même propriété de cailler le lait. Il est d'ailleurs permis de douter que le ferment en question soit le même agent qui caille le lait à son passage dans l'estomac; car l'acide du suc gastrique, jouissant aussi de la propriété de cailler le lait, doit le prévenir, son action étant bien plus rapide que celle du ferment. Dans la digestion pancréatique du lait, le fait de sa coagulation m'a semblé un véritable obstacle au processus digestif. Ce ferment possède-t-il des propriétés véritablement digestives? Je crois qu'il est permis d'en douter. Son action sur le lait se rapproche évidemment de celle qu'exerce le ferment de la fibrine sur le sang et pourrait bien servir à un but analogue; mais il me serait impossible de définir quel est réellement ce dernier.

IX

Ferment émulsif. Digestion des corps gras.

Les transformations digestives subies par les corps gras dans l'intestin grêle consistent principalement en ce qu'ils y sont réduits à un état d'émulsion ou de division en particules infiniment minimes. Outre ce changement purement physique, une petite portion subit une transformation chimique, par suite de laquelle la glycérine est séparée des acides gras. Les acides gras, mis en liberté, se combinent avec les bases alcalines de la bile et du suc pancréatique et forment les savons. Mais, sans aucun doute, la transformation principale consiste en un phénomène d'émulsion, et presque toute la graisse, entraînée par les vaisseaux chylifères, se trouve simplement émulsionnée et non saponifiée. Il est néanmoins certain que ces deux processus ont également lieu dans l'intestin grêle, quoique à des degrés divers. Le seul point se rapportant à la digestion des corps gras que je me propose d'examiner ici est le suivant : Ces transformations sont-elles produites par l'action des ferments solubles ou par celle de quelques autres agents d'une nature différente ? Dans ses dernières leçons sur ce sujet, Claude Bernard [1] a soutenu que la digestion des corps gras, de même que celle de l'amidon et des albuminoïdes, consistait dans l'action d'un ferment soluble, surnommé par lui *ferment émulsif*. Selon lui, ce ferment commence par émulsionner les corps

1. Cl. Bernard, *Leçons sur les phénomènes de la vie*, t. II, p. 346. Paris, 1879.

gras, après quoi il les saponifie. Dans l'intestin grêle, la transformation se borne presque exclusivement à l'émulsion : c'est en cet état que se présente la graisse dans le contenu des vaisseaux chylifères. La saponification ne commence à proprement parler que plus tard, pour s'achever dans le sang. Il est certain que le suc pancréatique exerce une influence marquée sur la digestion des corps gras, et c'est dans le pancréas que se trouve, selon Claude Bernard, le ferment émulsif. Il a démontré que, dans l'état de santé, le suc pancréatique jouit de la propriété spéciale d'émulsionner les corps gras, propriété qu'il partage avec le tissu pancréatique. En triturant une partie d'un pancréas frais avec des substances grasses et de l'eau, vous obtenez une émulsion presque constante. Je n'ai pas eu l'occasion d'étudier comment se comporte le suc pancréatique en présence des substances grasses et ne puis par conséquent parler de ses propriétés; mais si, comme on le prétend, l'action du suc pancréatique et du tissu pancréatique sur les corps gras était due à la présence d'un ferment soluble, il serait singulier que les extraits de pancréas ne possédassent point les mêmes propriétés. J'ai fait diverses préparations d'extraits de pancréas : avec de l'eau pure, une solution de chloroforme, de l'alcool dilué, avec une solution d'acide boracique, de borax, ou des deux combinés, avec de la glycérine et de l'eau, avec de la saumure et avec une solution d'acide salicylique et de salicylate de soude; jamais pourtant je n'ai pu certifier qu'aucun de ces extraits possédât ni la propriété d'émulsionner les graisses, ni de mettre en liberté leurs acides, ni de provoquer la saponification. Paschutin[1] soutient que les ferments émulsifs du pancréas peuvent être extraits au moyen d'une solution de bicarbonate de soude. Un extrait de pancréas, que je préparai avec une solution de deux pour cent de bicarbonate de soude, manifesta, il est vrai, une action émulsive très prononcée; mais, comme cette action persista et alla même en croissant après coction, il était clair que ses propriétés émulsives ne tenaient point à la présence d'un ferment soluble.

J'ai également échoué dans mes tentatives de constater le pouvoir attribué aux extraits du pancréas, ainsi qu'au tissu pancréatique broyé, de mettre en liberté les acides gras. Quand le pancréas frais, finement trituré avec du sable, était digéré conjointement avec du lait dans l'étuve, je ne pouvais obtenir de preuves satisfaisantes du développement de l'acide libre, provenant de la décomposition de la graisse du lait par l'action d'un ferment soluble. Le pancréas lui-même, in-

1. Hoppe-Seyler, *Physiologische Chemie*, p. 257. Berlin, 1878.

fusé dans l'eau, donne une solution légèrement acidulée, et un mélange de lait et de tissu pancréatique révèle toujours une faible réaction acide; mais cette acidité primitive, une fois neutralisée, une production ultérieure d'acide n'a plus lieu jusqu'à ce qu'il se soit écoulé un temps suffisamment long pour permettre aux ferments organisés de se développer et à la fermentation lactique de commencer. Si l'on empêche le développement des ferments organisés par l'adjonction d'un antiseptique, par exemple, le chloroforme ou une combinaison d'acide boracique et de borax, la mixture de lait et de pancréas broyé reste neutre pendant plusieurs jours. J'obtenais les mêmes résultats en opérant sur les émulsions de pancréas broyé et de lard, ou d'huile d'olive. Dans les nombreuses observations que j'ai eu lieu de faire sur la digestion du lait par divers extraits pancréatiques, je n'ai jamais pu découvrir la production d'une réaction acide, à moins qu'il ne fût permis aux ferments organisés d'intervenir.

J'obtins quelques résultats négatifs avec l'émulsion d'amandes. C'est à la présence dans les semences d'un ferment soluble que Claude Bernard attribue la formation d'une émulsion, produite par l'écrasement des amandes (ou des autres graines huileuses) avec de l'eau. Mais je constatai à ma surprise que, même après une coction de plusieurs heures, les amandes continuent à produire une émulsion parfaite. Comme tous les ferments solubles connus sont détruits par la coction, ce résultat semble contredire les faits avancés par Claude Bernard. J'ai trouvé aussi que gardée pendant six ou huit heures dans l'étuve, à la température de 100° F. (38° C.), l'émulsion d'amandes ne manifestait aucun progrès dans la réaction acide, très faible dès l'origine. Il est plutôt permis d'admettre que la substance huileuse de l'amande se trouve à l'état d'émulsion solide dans la semence et que la formation de l'émulsion liquide par la trituration avec de l'eau provient simplement de la mise en liberté de particules huileuses, divisées à l'infini, plutôt que de l'intervention d'un ferment soluble.

C'est avec une certaine hésitation que je me décide à me mettre en contradiction, ne fût-ce qu'apparente, avec un aussi grand observateur que Claude Bernard, et je ne prétends en aucune manière que ces observations soient destinées à renverser les conclusions principales, soutenues par l'illustre savant, touchant les transformations digestives des corps gras dans les plantes et dans les animaux. Les opinions avancées par Claude Bernard sur les phénomènes digestifs sont basées sur des inductions si larges, sur des observations si multiples, que je suis convaincu qu'en dernier ressort leur justesse sera confirmée pour ce qui regarde les corps gras, de même qu'elle l'a été par rapport à l'amidon et au sucre de canne.

Certaines observations de Brucke promettent de jeter une lumière nouvelle sur la digestion des corps gras. Brucke a trouvé que les huiles et les corps gras contenant une mixtion d'acides gras libres — autrement dit plus ou moins rances — sont émulsionnés, si on les remue légèrement avec une faible solution de carbonate de soude. Poussant plus loin ces observations, J. Gad soutient qu'il suffit d'un simple contact d'une huile rance avec la solution alcaline pour produire une division mécanique de la substance huileuse. J'ai soumis ces observations à des contre-épreuves, et j'ai obtenu des résultats remarquables. La manière différente dont se comportent deux échantillons de la même huile, l'un parfaitement neutre et l'autre contenant un peu d'acide gras libre, est de nature à frapper l'observateur. Voici devant moi deux échantillons d'huile de foie de morue : l'un est une huile d'une clarté et d'une transparence parfaites, telle qu'on la trouve chez les meilleurs pharmaciens; l'autre est une huile brune, connue dans le commerce sous le nom d'huile de Jough. Je mets quelques gouttes de chacune dans ces deux bocaux, et je verse par-dessus un peu de cette solution, qui contient deux pour cent de bicarbonate de soude. Comme vous le voyez, aucune émulsion ne se produit dans l'huile purifiée; celle-ci monte à la surface de l'eau en larges globules transparents; l'huile brune, au contraire, donne immédiatement une émulsion laiteuse. L'huile pâle est une huile neutre; remuée avec de l'eau, elle ne lui abandonne point d'acide; en d'autres termes, elle est libre de toute rancidité; traitée de la même manière, l'huile brune au contraire est cause que l'eau dans laquelle elle est versée colore en rouge le papier de tournesol. J'ai été très surpris de trouver qu'une huile d'olive (employée pour la salade), quoique très douce en apparence, sans la moindre saveur ni odeur de rancidité, donnait néanmoins une émulsion laiteuse avec la solution de soude. Remuée avec de l'eau, cette huile ne lui abandonnait aucune réaction acide. Elle devait néanmoins contenir un peu d'acide gras libre (probablement de l'acide oléique, insoluble dans l'eau et qui, par conséquent, remué avec l'eau ne l'acidule point), car, une portion de cette huile ayant été lavée avec une forte solution de carbonate de soude, puis abandonnée au repos, l'huile ainsi débarrassée de l'acide ne donnait plus d'émulsion avec une faible solution de soude. Il semblerait qu'une mixtion d'une très petite dose d'acide gras libre suffit pour provoquer l'émulsion, — d'une dose si minime, qu'elle ne saurait occasionner aucune saveur ni odeur rance. En apparence, cet échantillon d'huile d'amande est tout à fait doux, et pourtant il communique à l'eau avec laquelle il est remué une réaction acide presque âcre et donne une émulsion instantanée et parfaite avec la solution de soude.

La portée de ces observations sur la digestion des corps gras n'est que trop évidente. Quand le contenu de l'estomac arrive dans le pylore, il y rencontre la bile et le suc pancréatique, tous deux alcalins de leur nature, à cause du carbonate de soude qu'ils contiennent. Ainsi les ingrédients gras du chyme, à condition qu'ils contiennent une petite mixtion d'acides gras libres, se trouvent immédiatement placés dans des circonstances favorables à la production d'une émulsion, sans l'aide d'aucun ferment soluble, le mouvement du contenu des viscères, provoqué par l'action péristaltique, suffisant à lui seul à ce but.

Cette nouvelle manière de considérer la question ne saurait manquer de provoquer de nouvelles recherches sur l'action exercée par la digestion gastrique sur les corps gras. On avait supposé jusqu'ici que les substances grasses et huileuses ne subissent point de transformation dans l'estomac; mais il est possible que certains faits aient échappé à l'attention des observateurs. Richet a pu observer, sur le malade à la fistule gastrique dont il a déjà été question, que les matières grasses séjournaient longtemps dans l'estomac et n'entraient dans le pylore qu'avec les dernières portions du repas. Aussi de fréquentes éructations rances dans la dernière phase de la digestion gastrique sont-elles un phénomène familier aux dyspeptiques. S'il était constaté que, au nombre des opérations complexes dont l'estomac est le siège, il s'y passait une légère décomposition de corps gras neutres et la mise en liberté d'une petite quantité d'acide gras libre, les conditions nécessaires à l'émulsion des corps gras neutres dans le duodénum seraient remplies. En spéculant sur cette hypothèse, il est difficile de fermer les yeux à la possibilité d'une intervention dans le processus digestif des ferments figurés ou organisés. On n'ignore point que des acides gras sont mis en liberté pendant la décomposition de corps gras neutres par les ferments bactérioïdes (zymophytes); or la présence dans l'estomac vivant des ferments de cette classe est un fait si fréquemment constaté, qu'il donne tout lieu de les considérer comme un élément normal du mucus gastrique, chargé de remplir les fonctions normales dans la digestion de certaines parties de notre nourriture. Il ne serait pourtant pas désirable de développer cette hypothèse plus que ne le comportent les faits, jusqu'à présent constatés par la science; je ne puis que la suggérer comme une indication à des recherches ultérieures dans le domaine de la digestion des corps gras.

X

Des aliments artificiellement digérés.

L'idée d'administrer aux malades des aliments artificiellement digérés semble, à première vue, une idée bien hardie. Une telle intervention dans le domaine de la nature paraît vouloir dépasser les limites de la science. Mais, si nous nous rappelons combien est déjà considérable cette intervention des procédés artificiels dans la préparation de nos aliments, nous serons moins étonnés de ce dernier empiètement. A dire vrai, la cuisson des aliments est un moyen tout aussi étranger aux procédés employés par la nature que peut l'être la digestion artificielle. Parmi les nombreuses espèces d'animaux, l'homme est le seul qui cuise ses aliments ; aussi n'est-ce point à tort qu'il a été défini l'animal cuisinier.

Effets de la cuisson. — Le processus de la cuisson sert à un but bien plus important que celui de donner plus de saveur aux aliments, — bien plus important même que la désintégration mécanique qui l'accompagne en général. Il provoque, dans plusieurs des principes alimentaires les plus importants, des transformations chimiques qui les rendent bien plus sensibles à l'action des ferments digestifs qu'ils ne le seraient à l'état cru. La découverte et l'emploi du feu dans la préparation de sa nourriture doivent avoir constitué pour l'homme un des premiers et des plus notables progrès grâce auxquels il s'est dégagé de l'animalité. Les provisions de nourriture albuminoïde et farineuse emmagasinées dans les semences des céréales et des plantes légumineuses, ainsi que dans les bulbes, les tubercules, les racines et les tiges succulentes de certains végétaux, sont, à l'état cru, presque inaccessibles à l'action digestive de l'estomac des races humaines. Grâce à la découverte de l'art culinaire, ces immenses provisions furent d'un coup mises à sa portée. En outre, c'est à l'aide de ce même art que l'homme a pu soumettre son alimentation à certains intervalles, faire des repas réglés, ce qui l'a délivré de la nécessité, imposée à tous les animaux vivant à l'état sauvage, de consacrer toutes les heures de leur veille soit à chercher leur nourriture, comme les carnivores, soit à la dévorer, comme les herbivores. Cette immunité lui assura un avantage notable en lui laissant le loisir nécessaire à la culture de ses facultés supérieures.

Le procédé de la cuisson n'est pas également nécessaire à tous les aliments. Sous ce rapport, il y a des différences importantes, et il est intéressant de voir combien l'expérience a été dans cette matière un guide sûr pour l'humanité. Les aliments employés encore à l'état cru sont comparativement rares, et il n'est pas difficile, pour chaque cas donné, d'indiquer la raison de cette exception. Les fruits que nous consommons en grande quantité à l'état cru doivent principalement leur qualité diététique au sucre qu'ils contiennent ; or le sucre n'est point modifié par la cuisson. Les salades peuvent être considérées plutôt comme un assaisonnement, servant à un but *quasi* médical, que comme une source substantielle d'alimentation. Le lait est consommé également cru et cuit, et l'expérience vient à l'appui de cet usage, car j'ai constaté dans mes recherches que la digestion du lait par l'extrait pancréatique n'était point notablement hâtée par une cuisson préalable.

Quant à l'huître, qui par la manière dont nous la consommons forme une exception, elle peut fournir un exemple frappant de la sûreté du jugement populaire en matière diététique. L'huître est presque la seule substance animale que nous mangions d'ordinaire et de préférence à l'état cru; et il est intéressant de voir qu'au fond de cette préférence se cache une raison toute physiologique. La petite masse jaunâtre qui constitue dans l'huître le morceau friand, c'est son foie; or celui-ci n'est autre chose qu'un amas de glycogène. Associé au glycogène, mais maintenu en dehors de tout contact avec lui, durant la vie, se trouve le ferment digestif qui lui est inhérent, la diastase hépatique. Le fait seul de la mastication de ce morceau friand suffit à rapprocher l'un de l'autre ces deux corps, en sorte que le glycogène est immédiatement digéré par sa propre diastase, sans autre intervention. Par le fait, l'huître crue ou à peine réchauffée se digère donc par elle-même. Mais cet avantage est annulé par la cuisson; car la chaleur, même modérée, détruit le ferment associé au glycogène, et une huître cuite doit être digérée, de même que toute autre nourriture, par les forces digestives du consommateur.

Pour ce qui touche néanmoins nos aliments les plus usuels, le procédé d'une cuisson préalable leur est presque universellement appliqué. Dans le cas surtout des aliments farineux, la cuisson est tout à fait indispensable. Les hommes, forcés par la nécessité à se nourrir de graines de céréales non cuites, tombent bien vite dans un état d'inanition et de maladie. Sous l'action de la cuisson, non seulement l'amidon se dépouille de ses enveloppes protectrices, mais encore il subit des modifications chimiques, dont le résultat consiste à l'amener à l'état gélatineux, sur lequel les ferments digestifs ont bien plus de prise. Un changement d'une nature tout aussi considérable semble se produire au sein de la substance albuminoïde du grain. J'ai trouvé que le gluten du froment, une fois cuit, devenait bien plus digestible pour le suc gastrique artificiel aussi bien que pour l'extrait pancréatique. Quant à la viande, l'avantage de la cuisson consiste principalement dans l'effet qu'elle exerce sur le tissu conjonctif, les tendons et les membranes conjonctives, associés aux fibres musculaires. Non seulement ils sont amollis et désintégrés par la cuisson, mais ils se transforment chimiquement en une espèce de gélatine soluble et facilement digérée. J'ai fait quelques observations intéressantes touchant l'action exercée sur le contenu de l'œuf par la cuisson. Le changement qu'elle provoque dans l'albumen de l'œuf est des plus frappants. Afin de mieux expérimenter ce point, je me servais de la solution de l'albumen de l'œuf, dont il a déjà été parlé, et que l'on obtient par le mélange du blanc de l'œuf avec neuf fois son volume d'eau. Après coction dans le bain-marie, cette solution ne se coagule point et, en apparence, ne subit aucune modification sensible ; ce qui est changé, c'est la manière dont elle se comporte en présence des ferments digestifs. A l'état cru, la pepsine et l'acide ne l'attaquent que lentement, et l'extrait pancréatique n'exerce presque pas d'action sur elle; mais, après coction dans le bain-marie, l'albumen est digéré aussi promptement que complètement, par le suc gastrique artificiel, et une moitié en est rapidement digérée par l'extrait pancréatique.

Le but que je me propose en faisant ces observations, c'est de démontrer que les modifications opérées par la cuisson dans nos aliments font partie intégrale de l'œuvre de la digestion. Cette partie de la tâche, que les membres divers des races humaines abandonnent à la chaleur du feu, les animaux inférieurs sont obligés de s'en acquitter eux-mêmes et de s'en remettre uniquement à l'activité de leurs organes digestifs. Il faut aussi se bien convaincre que le processus digestif dont le canal alimentaire est le siège se passe, strictement parlant, dans un milieu tout semblable à la surface extérieure et non dans l'intérieur même du corps humain. Si l'on veut bien tenir compte de toutes ces considérations, peut-être l'idée d'administrer aux malades leurs aliments sous une forme déjà digérée, ou tout au moins digérée partiellement, ne paraîtra-t-elle plus aussi anormale. Nous ne faisons par là qu'ajouter une condition artificielle de plus à toutes celles, déjà si nombreuses, de notre vie civilisée.

XI

Préparation des aliments artificiellement digérés.

Le docteur Pay[1] fut, je crois, le premier à appliquer l'idée de préparer les aliments artificiellement digérés. A son instigation, MM. Darby et Gosden mirent en usage une préparation de viande réduite par le moyen de la digestion artificielle à l'état liquide. La formule de cette préparation n'est pas encore, à ce qu'il me semble, livrée au domaine public. Elle est connue sur le marché, exportée et désignée, par Savory et Moor, sous le nom de « viande liquide peptonisée de Darby ». En voici un échantillon sur cette table. Elle a, comme vous le voyez, l'apparence d'un sirop épais d'un brun clair, se distingue par un goût salé, une saveur de viande fort agréable, sans la moindre amertume.

Dans l'eau, elle est soluble à un haut degré. La solution ne donne point de précipité ni à la coction ni en présence de l'acide nitrique; mais elle

1. *Traité sur l'alimentation et les principes diététiques*, 2e édition, p. 559.

présente une forte réaction de peptone, en présence du liquide de Fehling et du tannin.

J'ai encore là sous les yeux un autre échantillon de viande artificiellement digérée, préparé par M. Benger. C'est un extrait grisâtre, d'une saveur de viande fort agréable et complètement dépourvu d'amertume. Il se dissout dans l'eau, et sa solution donne avec une grande intensité les réactions ordinaires de la peptone. M. Benger me communique qu'il a obtenu cette préparation en opérant, à une température de 140° F. à peu près, sur du bœuf cru, finement trituré avec de l'extrait de pancréas et un peu de carbonate de soude. La solution fut ensuite neutralisée avec de l'acide chlorhydrique et soumise à l'évaporation à 212° F. jusqu'à sa réduction en extrait solide. Ces deux préparations me semblent, par leurs qualités, bien supérieures à tous les extraits de viande connus jusqu'aujourd'hui. Mais, quels que soient les services rendus par ces préparations dans des circonstances très exclusives, il est évident que, si l'on veut employer les aliments artificiellement digérés sur une plus large échelle et dans toutes les classes de la société, il faut trouver le moyen d'introduire le procédé dans l'art culinaire ordinaire et l'adapter aux appareils de cuisine et de chambre de malade.

Les difficultés que l'on rencontre jusqu'à présent dans la préparation des aliments artificiellement digérés ou peptonisés [1], si utiles aux malades, proviennent en grande partie de ce que pour les obtenir on se sert de la méthode gastrique. Si vous soumettez un aliment primitif quelconque — que ce soit le lait, le pain, les œufs ou la viande — à la digestion artificielle par la pepsine et par l'acide chlorhydrique, vous détruisez presque complètement l'odeur et le goût agréable, aussi bien que l'apparence appétissante qui les rendent désirables comme nourriture, et les transformez en une masse fade, rejetée avec dégoût par le palais humain. L'insipidité des aliments artificiellement digérés ne tient point à quelque goût ou à quelque odeur inhérents aux produits de la digestion, — car, une fois purifiés, ceux-ci sont également inodores et dénués de toute saveur désagréable, mais bien à nombre de produits secondaires de différents genres, s'accumulant pendant l'acte de la digestion. L'un de ces produits secondaires est une substance à saveur amère qui semble accompagner toujours la digestion gastrique. Dans certains cas, elle se développe aussi dans les derniers stades de la digestion pancréatique. C'est exclusivement dans la digestion des albuminoïdes que

1. Qu'il me soit permis de me servir du mot « peptonisés » comme d'une abréviation très commode de « artificiellement digérés ».

j'ai constaté la présence de cette substance amère. C'est là évidemment un produit normal du processus digestif, et le fait de son existence explique probablement dans beaucoup de cas les émanations amères des éructations dont se plaignent les dyspeptiques et que l'on attribue généralement à la régurgitation de la bile. Il serait intéressant d'étudier plus à fond cette substance.

C'est vers la méthode pancréatique que j'ai dirigé principalement mes efforts, pour obtenir des aliments peptonisés agréables au palais. En sa qualité d'organe digestif qui digère les deux grands principes alimentaires : l'amidon et les albuminoïdes, le pancréas est supérieur à l'estomac, et l'extrait de la glande pancréatique est doué des mêmes propriétés. Cette double puissance est d'un avantage manifeste quand il s'agit d'aliments végétaux, contenant de l'amidon aussi bien que des corps protéiques.

Tout extrait de pancréas peut servir à la préparation des aliments artificiellement digérés ; mais le plus propre à cet usage, c'est celui que l'on obtient avec de l'alcool dilué ou de la solution de chloroforme. L'extrait de M. Benger, connu sous le nom de « liqueur pancréatique, » est une préparation pharmaceutique de premier ordre. On l'obtient en faisant un extrait de pancréas frais, broyé dans quatre fois son poids d'alcool dilué. Par des procédés ingénieux, M. Benger a réussi à vaincre toutes les difficultés matérielles de la fabrication et à produire un extrait possédant, à un degré fortement concentré, toutes les propriétés diastasiques et albuminiques du pancréas. C'est une solution presque incolore, n'ayant, à peu de chose près, que le goût et l'odeur de l'alcool qui a servi à la préparer. J'aurai désormais cette solution en vue, chaque fois que je parlerai de la production, par les extraits pancréatiques, d'aliments artificiellement digérés.

C'est sur la digestion artificielle du lait que je tournai avant tout mon attention. Je ne tardai pas à reconnaître qu'il était possible de faire digérer par l'extrait pancréatique cet élément important de notre alimentation, en n'en n'altérant que légèrement le goût et l'apparence. Le lait contient tous les éléments d'un aliment complet, combinés de manière à suffire à tous les besoins de la nutrition. Des trois principes organiques qui le constituent, deux — le sucre et la graisse — se présentent déjà dans des conditions tout à fait favorables pour l'absorption et ne demandent aux ferments digestifs que peu ou point d'aide ultérieur. Il devient évident que du moment où nous arrivorons à transformer la caséine du lait en peptono, sans en altérer matériellement la saveur et l'apparence, un tel résultat avancera beaucoup la solution du problème de l'emploi pour les malades des aliments artificiellement digérés.

XII

Digestion pancréatique du lait.

Quand, dans un bocal découvert, on soumet le lait à l'action de l'extrait pancréatique à la température de 100° F. (36° C.) on assiste à une série de phénomènes présentant le plus vif intérêt. Le premier fait qui frappe ici l'attention de l'observateur, c'est que la pellicule épaisse et rugueuse qui se forme rapidement à la surface du lait chaud, quand on l'expose à l'air, ne s'y produit pas du tout ou ne s'y produit qu'à un degré très imparfait. Il se forme à sa place une pellicule très fragile, parfaitement unie, et d'aspect tout différent. Le phénomène suivant est une coagulation plus ou moins légère du lait. Ensuite les caillots commencent à se dissoudre, et le lait reprend graduellement son aspect liquide primitif. Une partie des caillots se montre néanmoins très résistante et reste intacte durant des heures entières. Si l'on dilue préalablement le lait avec le tiers ou le quart de son volume d'eau, la phase coagulative ne se manifeste guère ou ne se produit que sous la forme d'un léger épaississement, d'un caractère tout transitoire. Un changement très curieux se manifeste ensuite dans l'aspect extérieur du lait : il perd peu à peu sa couleur blanche, luisante, pour revêtir une teinte d'un gris jaunâtre terne, tout à fait caractéristique et dont la nuance permet à un œil exercé de définir avec précision la phase du processus de peptonisation. Ce changement d'aspect est pourtant loin d'être très évident et ne serait perceptible à un observateur superficiel que si l'on comparaît ce lait avec du lait inaltéré. Pendant que se produisent ces modifications, le lait perd graduellement la saveur qui lui est propre et acquiert à la fin un goût piquant prononcé, point désagréable à certains palais. En réalité, on ne voit point se produire de saveur désagréable, à moins que le phénomène ne dégénère en décomposition.

La transformation progressive de la caséine en peptone, indiquée et caractérisée par toutes ces manifestations extérieures, peut être constatée en traitant le lait de temps en temps par l'acide acétique. Au commencement, l'addition de l'acide provoque un abondant précipité de matières caillées; mais peu à peu cette réaction diminue d'intensité et cesse à la fin complètement. A ce point, la transformation peut être considérée comme achevée. Toute la caséine a été transformée en peptone, jusqu'au point que l'acide nitrique lui-même ne provoque plus de précipité. Le temps nécessaire pour cette transformation (supposé que la température et l'activité de la préparation sont maintenues constantes) dépend de la quantité de l'extrait pancréatique ajoutée et peut varier de quelques minutes à plusieurs heures. Dans la manière ordinaire de préparer le lait peptonisé pour les malades, on ajoute deux ou trois cuillerées à thé de la liqueur pancréatique à une pinte de lait dilué avec un quart de son volume d'eau. En se servant de ces doses, le processus est ordinairement achevé au bout de deux heures et demie à trois heures.

Caséine modifiée ou métacaséine. — La conversion de la caséine en peptone ne se fait point par la transformation directe de l'un de ces corps dans l'autre. Personne n'ignore que le lait bouilli ne se caille ou ne se coagule pas; mais, une fois soumis à l'action de l'extrait pancréatique (pourvu qu'on n'y ajoute point d'alcali), il perd promptement cette propriété négative et se caille abondamment quand on le fait bouillir. Cette coagulation pendant la cuisson atteint son maximum d'intensité quelques minutes après l'adjonction de l'extrait et diminue graduellement d'intensité avec la marche du phénomène, pour cesser complètement au moment où l'acide acétique cesse de produire un précipité. On a trouvé en outre que, si l'on fait cuire le lait pendant la période la plus intense de cette réaction et si on le verse sur un filtre, toute la substance albuminoïde y reste attachée sous forme de caillots, tandis que le résidu filtré ne révèle plus aucune réaction de caséine. Ces réactions révèlent un fait intéressant : c'est que dans la transformation de la caséine en peptone, opérée par l'extrait pancréatique, la première phase du phénomène consiste dans la conversion de la caséine en un corps intermédiaire, lequel à son tour se convertit lentement en peptone. On peut désigner provisoirement ce corps sous le nom de métacaséine, indiquant par là que c'est encore de la caséine, mais à l'état modifié. La métacaséine est caractérisée par deux réactions, dont la coexistence sert à la distinguer de tous les autres corps protéiques : elle se coagule par la coction dans un milieu neutre et est précipitée à froid par l'acide acétique. Dans la digestion pancréatique, la conversion de la caséine en métacaséine s'opère presque instantanément, comme le démontre l'expérience suivante : 5 centimètres cubes d'extrait pancréatique sont ajoutés à 100 centimètres cubes de lait dilué avec un quatrième de son volume d'eau, et maintenus à la chaleur du sang. Le premier symptôme, presque imperceptible, de coagulation durant la coction, se manifeste au bout de trois minutes; au bout de cinq minutes la coagulation se prononce, et, au bout de neuf, elle a atteint son maximum. A partir de ce point, la coagulation durant la coction ainsi que le précipité provoqué par l'adjonction de l'acide acétique vont diminuant lentement d'intensité, *pari passu*, pendant une période de deux heures, au bout desquelles les deux réactions cessent.

En groupant ces séries d'observations et de réactions, il devient évident que la conversion de la caséine en métacaséine constitue une phase primaire et tout à fait distincte dans la transformation de la caséine par la trypsine, phase antérieure aux modifications ultérieures, plus lentes, qui opèrent la transformation de la métacaséine en peptone. Il est impossible de n'y pas voir une analogie frappante avec la transformation instantanée de l'amidon gélatineux en amidon soluble sous l'action de la diastase, phénomène que nous venons d'exposer devant notre auditoire.

Si l'on alcalise légèrement le lait, en y joignant préalablement une petite quantité de bicarbonate de soude, aucun précipité par coction ne se produit pendant sa digestion par l'extrait pancréatique. Mais la métacaséine est néanmoins produite, et sa présence peut être constatée en saturant soigneusement l'alcali et en faisant bouillir ensuite ; car, quoique la métacaséine soit précipitée par la coction dans le cas où la solution est neutre, elle ne se précipite point du moment où la solution est alcaline, ne fût-ce que légèrement. C'est pour cette raison qu'il est utile, quand on prépare du lait peptonisé pour les malades, d'y ajouter une petite quantité de bicarbonate de soude.

XIII

Aliments peptonisés.

En donnant une idée de la manière dont le lait se comporte en présence de l'extrait pancréatique, l'exposé succinct qui va suivre aidera à mieux comprendre les règles pratiques à observer dans la préparation des aliments peptonisés pour les malades. Quant à présent, je me bornerai strictement aux aliments ayant pour base soit le lait, soit le gruau farineux, soit les deux ensemble.

Lait peptonisé. — On dilue une pinte de lait avec un quart de pinte d'eau et on le chauffe à une température de 140° F. à peu près (60° C.) On y mêle ensuite deux ou trois cuillerées à thé de liqueur pancréatique et dix ou vingt grains de bicarbonate de soude. Versée dans un bocal couvert, la mixture est placée dans un endroit chaud sous un « cosey », afin de conserver la chaleur. Au bout d'une heure ou d'une heure et demie, le produit est soumis à la coction pendant deux ou trois minutes, après quoi il peut être employé comme le lait ordinaire. On dilue le lait dans le but d'empêcher la coagulation, qui ne manquerait pas de se produire, et de retarder considérablement la marche du processus de la peptonisation. Quant à l'adjonction du bicarbonate de soude, elle a pour effet d'empêcher la coagulation pendant la coction finale et en même temps de hâter la marche du processus. La coction finale, à son tour, met un terme à la fermentation quand celle-ci a atteint le degré désiré et prévient par conséquent certaines transformations ultérieures, dont le résultat serait de rendre le produit désagréable au palais. Le degré atteint par la peptonisation se laisse constater le mieux d'après le goût piquant plus ou moins prononcé. Le désidératum, c'est d'amener la transformation au point que le goût piquant soit distinctement perçu, tout en n'étant point désagréablement prononcé. Comme il est impossible d'obtenir un extrait pancréatique d'une force constante absolue, les indications des doses à ajouter doivent avoir une certaine latitude. L'étendue de l'action peptonisante peut être réglée soit en augmentant, soit en diminuant la dose de la liqueur pancréatique, soit aussi par un intervalle de temps plus ou moins long consacré au processus. On peut aussi rendre le produit plus agréable au goût et plus semblable au lait naturel en écrémant le lait préalablement et en y remettant la crème après la coction finale.

Gruau peptonisé. — Ce gruau peut être retiré de divers aliments farineux ordinairement en usage, tels que la fleur de froment, la farine d'avoine, l'arrow-root, le sagou, l'orge perlé, la farine de pois ou de lentilles. Il a besoin d'être bouilli fortement jusqu'à ce qu'il devienne épais et compact, après quoi on le verse dans un bocal couvert et on le laisse refroidir jusqu'à la température de 140° F. On ajoute ensuite la liqueur pancréatique, à la dose d'une cuillerée à bouche pour chaque pinte de gruau, et le bocal est tenu au chaud sous un cosey, comme auparavant. Au bout d'une couple d'heures, le produit est soumis à la coction et finalement filtré. L'action de l'extrait pancréatique sur le gruau a un double caractère : elle convertit en sucre l'amidon contenu dans l'aliment et peptonise les substances albuminoïdes. La transformation de l'amidon a pour effet d'amener le gruau, quelque épais qu'il soit, à un état liquide, aqueux. La saveur piquante dont nous avons parlé plus haut ne semble pas se produire dans la digestion pancréatique des albuminoïdes végétaux ; aussi les gruaux peptonisés sont-ils dépourvus de tout goût désagréable. Il est difficile de préciser jusqu'à quel point les albuminoïdes sont peptonisés dans le processus de la digestion par l'extrait pancréatique. Une fois filtré, le produit donne une réaction abondante de peptone en laissant néanmoins une proportion considérable de matières non dissoutes. Celles-ci consistent principalement en tissus végétaux insolubles, mais elles renferment aussi une certaine quantité de substances amylacées et albumineuses qui n'ont pas été mises en liberté. Le gruau peptonisé ne constitue point par lui-même un aliment convenable pour les malades; mais, associé au lait peptonisé (gruau au lait peptonisé) ou comme base de potage, de gelée, de blanc-manger, il peut rendre de grands services.

Gruau au lait peptonisé. — C'est la préparation dont j'ai eu occasion de me servir le plus dans le traitement des malades et dont j'ai obtenu les meilleurs résultats. On peut le considérer comme du pain et du lait artificiellement digérés, constituant par lui-même un aliment complet d'une grande valeur nutritive et tout à fait adapté à de faibles estomacs. On le prépare très rapidement sans avoir besoin de recourir au thermomètre. On commence par préparer un bon gruau bien épais avec une des substances farineuses ci-dessus mentionnées. Au moment où le gruau est bouillant, on y ajoute une quantité égale de lait froid. La température du mélange sera donc de 125° F.

(52° C.) à peu de chose près. Puis on ajoute, pour chaque pinte (550 centimètres cubes) de la mixture deux ou trois cuillerées à thé de liqueur pancréatique et vingt grains de bicarbonate de soude. On la met au chaud dans un bocal couvert d'un « cosey » pour une couple d'heures; après quoi on la fait bouillir et on la filtre. Le piquant du lait digéré disparaît presque complètement dans le gruau au lait peptonisé, et les malades tolèrent ce composé, sinon avec plaisir, tout au moins sans dégoût.

Potages, gelées et blanc-manger peptonisés. — Pour varier un peu la nourriture peptonisée, j'ai essayé de préparer des potages, des gelées et des blanc-manger contenant des aliments peptonisés. Je fus aidé dans cette tâche par une personne de ma famille, et nous y réussîmes au delà de nos espérances. Cette personne en arriva à préparer des potages, des gelées et des blanc-manger contenant une quantité considérable d'amidon et d'albuminoïdes digérés, mais ayant néanmoins beaucoup de saveur, en sorte que le palais le plus délicat ne pouvait les soupçonner d'avoir été drogués. Les potages étaient préparés de deux manières différentes : ou bien on ajoutait ce que les cuisiniers désignent sous le nom de stock d'une quantité égale de gruau peptonisé ou de gruau au lait peptonisé, ou, ce qui valait encore mieux, on se servait d'un gruau peptonisé très aqueux en place d'eau simple pour cuire les os et les autres morceaux de viande dont on fait ordinairement le potage. Quant aux gelées, on les préparait tout simplement en ajoutant à du gruau chaud peptonisé une quantité donnée de gélatine ou de colle de poisson, et en communiquant au mélange une saveur agréable pour le palais. On obtenait des blanc-manger en procédant de la même manière et en y ajoutant de la crème. Dans la préparation de ces mets, il est de toute nécessité de pousser le processus de peptonisation du gruau ou du lait jusqu'à la coction finale, avant d'y introduire les ingrédients qui lui donnent de la résistance. Car, si l'extrait pancréatique commençait à exercer son action sur la gélatine, la gélatine digérée perdrait du coup ses propriétés agglutinantes.

Tisane de bœuf peptonisée. — Pour une demi-livre de bœuf maigre, haché menu, on prend une pinte d'eau et 120 grains de bicarbonate de soude, et on laisse bouillir le tout au petit feu. Quand le liquide est redescendu à la température de 140° F. à peu près (60° C.), on a soin d'y ajouter une cuillerée à bouche de la liqueur pancréatique. Ensuite on le met au chaud sous un cosey, et on le remue de temps en temps. Au bout de quelque temps la partie liquide est transvasée et soumise à une coction de cinq minutes. La tisane de bœuf obtenue par ce procédé est riche en peptone. Elle contient près de 4,5 pour 100 de résidu organique, dont plus de trois quarts consiste en peptone, en sorte que sa valeur nutritive par rapport aux matériaux azotés est presque équivalente à celle du lait. Assaisonnée avec du sel, elle ne se distingue en rien du bouillon de bœuf ordinaire.

L'extrême solubilité des produits digérés, que ce soit de l'amidon ou des albuminoïdes, inspire de la répugnance aux gens bien portants; ils leur semblent trop aqueux, n'ayant point cette apparence de substance solide qui caractérise ordinairement notre nourriture. Mais ces mêmes qualités sont désagréables aux malades, dépourvus d'appétit, et ils acceptent plus volontiers l'aliment sous forme de boisson. Pour les convalescents, au contraire, les gelées et les blanc-manger ont l'avantage de présenter un peu cette forme substantielle et solide que réclame un appétit naissant.

Valeur nutritive des aliments peptonisés. — Une question surgit dès le début de l'enquête. Est-il prouvé que les produits ultimes de la digestion soient égaux sous le rapport de la valeur nutritive aux produits mixtes et transitoires successivement élaborés et probablement absorbés à mesure que les aliments se transforment dans le canal alimentaire? En d'autres termes, la maltose et la peptone seules ont-elles pour l'économie du corps autant de valeur que la mixture de ces mêmes substances avec les dextrines de divers genres et les hémipeptones qui se présentent aux surfaces absorbantes dans le cours de la digestion naturelle?

Pour ce qui regarde les produits de la digestion de l'amidon, on n'a point encore fait d'expériences directes sur la valeur nutritive de la maltose, et, quant aux dextrines intermédiaires, nous ne pouvons que faire des conjectures sur leur utilité présumée. Le fait de leur absorption semble prouvé (on devait le supposer en se basant sur leur diffusibilité bien connue), car elles ont été découvertes dans le sang et particulièrement dans celui de la veine-porte.

Nous sommes mieux informés sur le compte des peptones. Les premiers observateurs qui constatèrent dans la peptone le produit ultime de la digestion reconnurent en même temps que c'était bien sous cette forme que les albuminoïdes étaient absorbés et introduits dans le sang pour y servir à la nutrition des tissus. Pourtant il y a dix ans, cette conclusion fut révoquée en doute. Brucke et Voit soutinrent que ce n'était point la peptone, impropre à ce but, mais bien l'albumen soluble, absorbé à l'état non digéré dès les *primæ viæ*, qui servait à la nutrition des tissus, et que le rôle de la peptone était un rôle secondaire, consistant principalement à préserver l'albumen des tissus d'une destruction trop rapide. Néanmoins, des expériences directes sur la valeur nutritive des peptones sont venues renverser cette opinion paradoxale. Comme c'est là un point des plus importants, je vais vous présenter les preuves déjà acquises de la valeur nutritive des peptones, en les étayant de quelques observations que j'eus lieu de faire par moi-même.

P. Plosz (*Archiv für die ges. Physiologie de Pflüger*, 1874, p. 323), fut le premier à soumettre cette question à l'expérimentation. Il nourrit un petit chien du poids de 1302 grammes avec un composé artificiel de graisse et de sucre, très semblable au lait, mais où la caséine était remplacée par de la fibrine artificiellement digérée. Au bout de dix-huit jours de ce régime, le chien avait grandi et son poids avait augmenté de 501 grammes.

M. Maly (*ibid.*, p. 585) a répété cette expérience sur un pigeon. Il commença par lui donner pendant plusieurs jours une quantité déterminée de froment, jusqu'à ce qu'il pût préciser la dose nécessaire pour maintenir le volatile dans un état d'équilibre nutritif où son poids n'allait ni en croissant ni en diminuant. Ensuite, il fabriqua du grain artificiel avec de l'amidon, de la graisse, de la gomme, des sels et de l'eau, mais où le gluten était remplacé par de la fibrine-peptone, et nourrit le pigeon avec ce grain artificiel en quantité égale à celle du froment que le pigeon avait reçu jusqu'alors pour sa nourriture. Une fois que l'oiseau se fut fait à ce régime, non seulement il ne perdit rien de son poids, mais commença même à engraisser. Cette expérience indiquerait que la peptone serait même supérieure comme aliment au gluten naturel.

Néanmoins des objections furent élevées : on remarqua que ces expériences ne démontraient pas rigoureusement que la peptone fût un élément plastique des tissus, l'augmentation de poids ayant pu se faire aux dépens des réserves de graisse ou d'eau, et qu'il avait pu se produire une diminution et non un accroissement d'éléments plastiques azotés.

A la plupart de ces objections, Plosz et Gyorgyai (*Pflüger's Archiv*, tome X, 1875, p. 536) opposèrent une troisième série d'expériences faites sur un chien du poids de 2753 grammes. On commença par le réduire, au moyen d'une diète d'eau, au poids de 2531 grammes. On le nourrit ensuite d'une mixture composée de sucre, d'amidon et de graisse et contenant aussi 5 pour 100 de peptone purifiée. Près de 400 grammes de cette mixture furent quotidiennement administrés à l'animal pendant une période de cinq à six jours. Pendant ces six jours, le chien se trouvait avoir absorbé avec sa nourriture 14 gr. 45 d'azote ; mais le total d'azote excrété dans les urines et les fèces ne montait qu'à 13 gr. 46, en sorte qu'un gramme d'azote avait été retenu dans le corps de l'animal, dont le poids avait augmenté de 259 grammes. Cette expérience était de nature à prouver que la peptone était apte à réparer l'usure des éléments plastiques azotés et qu'elle contribuait même en partie à l'augmentation du poids.

Avec une méthode plus rigoureuse encore, Adamkiewicz (*Natur und Nahwerth des Peptons*, Berlin, 1877) entreprit une longue série d'expériences sur un chien soumis à un régime où la seule source possible d'azote se trouvait être la peptone obtenue de la fibrine du sang. Il aboutit à la conclusion que la peptone fournissait de l'azote aux tissus solides et possédait une valeur nutritive égale, sinon supérieure, à celle de l'albumine; on ne pouvait par conséquent la considérer comme un produit secondaire de la digestion, mais bien comme la principale résultante de la transformation que subissent les albuminoïdes dans le canal alimentaire.

Les expériences ci-dessus suffisent à trancher définitivement la question soulevée par Brücke et Voit et à établir la valeur nutritive de la peptone, comme source d'azote pour les tissus. Il était néanmoins désirable d'obtenir des preuves directes de la valeur nutritive du lait peptonisé, comparé avec ce même aliment à l'état naturel. Mes propres observations m'avaient convaincu que la meilleure des méthodes pour obtenir un supplément d'aliments peptonisés, adaptés à l'usage des malades, était la digestion artificielle du lait au moyen de l'extrait pancréatique. Mais, dans une question aussi grave que l'alimentation des malades, les inductions et les conjectures ne suffisaient point pour fournir une base solide à la pratique médicale.

Les questions que je me posais à moi-même étaient celles-ci : 1° Le lait artificiellement digéré ou peptonisé suffisait-il à lui seul pour soutenir la nutrition ? 2° Est-il aussi efficace sous ce rapport que le lait naturel ? Pour répondre à ces questions, je me procurai quatre jeunes chats, de la même portée, âgés de huit mois. A cet âge, les chats supportent très bien un régime exclusif de laitage. Deux d'entre eux furent nourris de lait naturel ; les deux autres, de lait préalablement digéré par l'extrait pancréatique. La digestion du lait pour le dernier cas fut poussée jusqu'au bout du processus, c'est-à-dire jusqu'à ce qu'il devînt grisâtre et amer et ne donnât plus de précipité ni avec l'acide acétique, ni même avec l'acide nitrique. Les animaux étaient libres de consommer autant de cette nourriture qu'il leur plaisait. L'expérience dura vingt jours. La quantité consommée par chaque couple se trouva être presque la même. Tous les quatre jouissaient d'une santé parfaite et prenaient volontiers leur nourriture. Je fus étonné de voir le couple nourri de lait peptonisé ne manifester aucune répugnance pour le goût amer de cet aliment; il semblait le déguster avec autant de plaisir que les autres en faisaient du lait naturel. Le tableau suivant indique l'augmentation du poids obtenu au bout des vingt jours dans chacun des quatre individus. Les poids sont donnés en grammes et en chiffres ronds.

RÉGIME	POIDS INITIAL	POIDS AU BOUT DE VINGT JOURS	AUGMENTATION DU POIDS	AUGMENTATION DU POIDS POUR 100
Lait naturel......	N° 1. 338	514	176	52
	» 2. 5[illegible]8	838	2[illegible]0	50
Lait complètement peptonisé......	» 3. 403	626	223	55
	» 4. 374	562	188	50

Ce tableau indique que le tant pour cent de l'augmentation du poids est presque le même chez les quatre animaux. Ni la rondeur de leurs côtes, ni la vivacité de leurs gambades ne révélaient aucune différence. L'expérience démontrait amplement qu'en peptonisant le lait on ne lui enlevait en rien sa valeur nutritive. Elle prouvait aussi, comme l'on devait s'y attendre, qu'il n'y avait aucun avantage à administrer la nourriture préalablement digérée à des animaux bien portants, jouissant de toute leur puissance digestive. La quantité de la nourriture prise et absorbée semble être déterminée, moins par la quantité qui peut être digérée que par celle que l'animal est capable d'assimiler. Ces expériences furent poussées plus loin. Après que les n°s 3 et 4 eurent été nourris pendant vingt jours de lait *complètement* peptonisé, ils furent nourris pendant dix autres jours de lait qui n'était que *partiellement* peptonisé. En employant une moindre quantité d'extrait pancréatique, proportionnellement au lait, et en bornant le processus de la digestion artificielle à la moitié du temps accordé à l'expérience précédente, on n'obtenait qu'une conversion partielle de la caséine. Autant que j'en pouvais juger d'après le précipité provoqué par l'acide acétique, la caséine était à moitié digérée. En présence de ces faits, je m'attendais certainement à voir les n°s 3 et 4 augmenter de poids comme auparavant et prospérer autant que les n°s 1 et 2. On pouvait présumer que dans ces nouvelles conditions la puissance digestive des n°s 3 et 4 interviendrait et compléterait facilement l'œuvre inachevée du processus artificiel; mais les choses ne se passèrent pas comme je m'y attendais. Le tableau ci-joint indique les résultats réels.

Le poids, comme auparavant, est donné en grammes.

RÉGIME	POIDS INITIAL	POIDS DU TROISIÈME JOUR	POIDS DU CINQUIÈME JOUR	POIDS DU SEPTIÈME JOUR	POIDS DU DIXIÈME JOUR
Lait naturel.	N° 1. 514.	551 Gain 37.	570 Gain 19.	593 Gain 23.	618 Gain 25.
	N° 2. 838.	900 Gain 62.	936 Gain 36.	993 Gain 57.	1063 Gain 70.
Lait à demi peptonisé.	N° 3. 626.	693 Gain 67.	687 Perte 6.	681 Perte 6.	693 Gain 12.
	N° 4. 562.	645 Gain 83.	386 Perte 7.	648 Gain 10.	683 Gain 35.

Comme on n'avait pas laissé d'intervalle entre les deux séries d'expériences, les poids, au début de la seconde, étaient les mêmes qu'à la fin de la première. Le brusque changement de régime des n°s 3 et 4 produisit un trouble notable dans leur nutrition ; néanmoins leur santé générale n'en souffrit pas, et ils montrèrent la même avidité que par le passé, malgré ce régime modifié. Durant les trois premiers jours, les n°s 3 et 4 augmentèrent de poids d'une manière inusitée, — disproportionnellement en comparaison de leurs camarades. Puis il y eut un arrêt; pendant les quatre jours suivants, non seulement ils ne gagnèrent pas en poids, mais semblèrent même avoir subi une légère perte. Dans les derniers trois jours, ils avaient engraissé et semblaient être tout à fait remis du trouble temporaire causé par le changement de régime. Cette série de phénomènes me suggéra l'explication suivante, sur l'exactitude de laquelle je ne me permettrai pas d'insister. Il me semblait que le repos forcé, imposé aux organes digestifs pendant une période de vingt jours, durant laquelle on s'était servi d'aliments complètement peptonisés, avait dû temporairement en affaiblir la vigueur naturelle, précisément comme l'inactivité d'un membre en diminue pour un temps la force musculaire. Durant la première période qui suivit immédiatement le changement de régime, les forces digestives en disponibilité furent subitement rappelées à reprendre leur besogne; mais, par suite de l'affaiblissement produit par le manque d'exercice, elles étaient incapables de répondre à l'appel avec la promptitude voulue, et pendant ce temps les matériaux non digérés s'accumulaient dans l'intestin. C'est cette accumulation qui expliquerait l'augmentation inusitée du poids pendant la première période. Durant la suivante, l'embarras digestif se fit sentir : ce qui provoqua un arrêt dans les processus d'accroissement et de nutrition; les animaux cessèrent de croître et d'augmenter de poids. Pendant la dernière période, l'affaiblissement temporaire des organes digestifs alla en se dissipant, à mesure que l'exercice leur redonnait leur vigueur originaire, et l'accroissement ainsi que l'augmentation de volume recommencèrent.

Que cette explication soit juste ou non, les conclusions que semblent indiquer ces faits n'en restent pas moins vraies : c'est qu'abstraction faite de quelques cas particuliers, où la force digestive est tout à fait perdue ou complètement paralysée, il est plus avantageux de se servir d'une nourriture soumise à une digestion artificielle partielle que de celle complètement digérée. Si le sujet jouit encore de quelques forces digestives, il vaut mieux les utiliser que de les laisser se détériorer davantage par manque d'usage. Cela est d'accord avec la règle appliquée à toutes les fonctions affaiblies, où nous cherchons à concilier un repos partiel avec un exercice modéré.

XIV

Expériences cliniques sur l'emploi des aliments peptonisés.

L'extrême difficulté que l'on a d'arriver à des conclusions satisfaisantes touchant l'action des agents thérapeutiques n'est ignorée d'aucun esprit judicieux. La difficulté est plus grande encore quand il s'agit d'indiquer l'action des agents diététiques. J'ai recueilli dans ma pratique médicale un nombre considérable de faits, embrassant une période de deux ans, touchant l'emploi par les malades du lait peptonisé et du gruau au lait peptonisé ; il me serait donc facile de grouper en faisceau les cas où une amélioration et même la guérison auraient suivi l'emploi de ces agents diététiques. Mais des preuves de ce genre seraient illusoires, à moins d'être contrôlées par une analyse des circonstances particulières de chaque cas, qui me permettrait d'isoler l'influence de ses moyens diététiques. Dans l'immense majorité des cas, une pareille analyse est complètement impossible : les conditions particulières que l'on devrait prendre en considération sont très multiples et leur influence relative très difficile par conséquent à déterminer. Dans une question de ce genre, on est obligé, dans une certaine mesure, de se tenir en garde contre les impressions générales et les déductions basées sur les conditions physiologiques. Il y a néanmoins certains cas, incurables pour la plupart, dans lesquels les conditions sont suffisamment simplifiées pour qu'on puisse en tirer des conclusions directes, dignes de foi.

Je trouvai que le gruau au lait peptonisé était généralement préféré au lait peptonisé, comme plus agréable au palais ; aussi le plus grand nombre de mes observations portent-elles sur la première de ces préparations. J'eus aussi lieu de me convaincre qu'à part quelques très rares exceptions le gruau au lait peptonisé était très bien toléré par l'estomac des malades, et qu'un régime exclusivement borné à cet aliment pouvait être suivi pendant des semaines consécutives sans provoquer le plus léger symptôme d'appauvrissement dans la nutrition.

Les cas où l'emploi des aliments peptonisés semblait produire les résultats les plus favorables étaient ceux d'une anorexie bien caractérisée et ceux où l'estomac en était arrivé à ne plus tolérer la nourriture et rejetait toute espèce d'aliments. Un résumé rapide des résultats obtenus dans des cas de ce genre pourra, je le crois, être de quelque utilité.

Vomissements urémiques. — Dans la phase avancée de la maladie de Bright, des vomissements incessants, rebelles à tout remède, sont un symptôme fréquent. J'ai vu pourtant, dans quelques cas de ce genre, les vomissements cesser du coup et ne plus se répéter, grâce à l'usage du gruau au lait peptonisé. La maladie n'en poursuivait pas moins son cours fatal, mais le mourant éprouvait un réel soulagement.

Catarrhe gastrique. — Cette forme de catarrhe gastrique, Némésis qui suit ordinairement les excès alcooliques, cède parfois immédiatement à l'emploi des aliments peptonisés. Dans la dernière période de la cirrhose, l'estomac en arrive souvent à ne plus tolérer aucune espèce de nourriture, à rejeter le bouillon et le lait dilué, pris même à doses minimes. Le soulagement procuré aux malades, dans quelques-uns de ces cas, par l'emploi du gruau au lait peptonisé, était frappant ; les vomissements s'arrêtaient presque du coup et l'intolérable sensation de distension était diminuée.

Crise du mal cardiaque. — Les personnes atteintes d'une dilatation cardiaque avec insuffisance valvulaire traversent, avant de succomber à leur mal, des crises qu'il est possible de soulager. Elles se manifestent par une stagnation générale de la circulation veineuse, par une forte congestion des poumons, du foie et des reins, ainsi que par une hydropisie galopante. Ces symptômes sont d'ordinaire accompagnés par l'insomnie et par un dégoût très prononcé pour toute nourriture. Je puis certifier que des aliments peptonisés procurent dans ces cas un soulagement marqué. J'avais observé depuis longtemps, comme sans doute plus d'un parmi vous, que l'emploi d'une nourriture exclusivement liquide, — par exemple du lait, ou du gruau au lait, administré incessamment à petites doses pendant les heures de veille — produisait parfois un effet excellent dans des cas de ce genre ; bien entendu, on avait soin d'interdire au malade toute nourriture solide et copieuse. Aussi comme je ne manquai pas, en prescrivant les aliments peptonisés, d'insister sur ce qu'ils fussent administrés exactement de même, à petites cuillerées, les excellents résultats que j'en obtins tenaient certainement en partie à cette dernière circonstance. Pourtant, en observant l'effet des aliments liquides naturels et celui des mêmes aliments artificiellement digérés, administrés les uns après les autres, j'eus lieu de me convaincre de l'extrême supériorité de ces derniers.

Anémie pernicieuse. — Je suis porté à croire que, dans les premières phases de cette maladie exotique, les aliments peptonisés pourraient fournir une ressource précieuse. Quand le mal, quoique complètement déclaré, était comparativement d'origine récente, je réussis dans les derniers dix-huit mois à en enrayer le cours à l'aide du gruau au lait peptonisé. Dans un cas, par suite de l'irritabilité de l'estomac, on fut obligé, au commencement, d'administrer le gruau au lait avec de l'extrait pancréatique, par le rectum ; mais l'estomac arriva bien vite à le tolérer. Pour trois cas de ce genre, l'amélioration alla jusqu'au rétablissement complet. Mais, dans des cas anciens, j'échouai, en me servant des mêmes moyens, à obtenir la plus légère amélioration.

Ulcères gastriques. — L'emploi d'une nourriture exclusivement liquide, administrée continuellement de la manière ci-dessus indiquée, est un moyen thérapeutique aussi efficace que généralement adopté dans les cas de ce genre. Mais, depuis que je me sers du gruau au lait peptonisé, il me semble avoir obtenu des résultats plus satisfaisants encore, surtout dans les cas compliqués d'affections épigastriques. Le repos presque absolu que cet aliment procure à l'organe malade est un avantage de plus. Qu'il me soit permis de citer un cas. Le malade souffrait d'hématémèses aussi fréquentes qu'abondantes et de vives douleurs à l'épigastre. L'irritabilité de son estomac était telle que la nourriture la plus simple, prise en quantité minime, était immédiatement rejetée. Le gruau au lait peptonisé fut néanmoins toléré du premier coup ; les vomissements ne se reproduisirent que deux ou trois fois, pendant les deux premiers jours du traitement, pour disparaître ensuite complètement, ainsi que les douleurs à l'épigastre. Pendant six semaines, le malade ne prit point d'autre nourriture, absorbant quotidiennement de deux à trois pintes du gruau en question ; il reconquit de l'embonpoint et des forces.

Obstruction du pylore et des intestins. — Les aliments peptonisés semblent être spécialement indiqués dans ces cas. Pourtant je fus légèrement désappointé par les résultats obtenus. Il est vrai que les vomissements cédaient presque toujours ; mais quant au dénouement fatal, dans les cas de rétrécissement du pylore, il n'y avait pas lieu d'admettre qu'il fût retardé même d'un jour. Quand l'obstruction n'était que temporaire, produite par une cause accidentelle, les résultats obtenus étaient certainement plus satisfaisants. Il serait intéressant d'essayer l'usage du lait peptonisé ou partiellement peptonisé dans les catarrhes gastriques et intestinaux des petits enfants. Dans un cas très grave de ce genre, j'obtins immédiatement un résultat favorable ; dans un autre, l'estomac tolérait bien plus facilement cette nourriture que le lait simplement dilué. Il serait non moins intéressant d'expérimenter l'alimentation peptonisée dans la fièvre typhoïde et dans la vieillesse très avancée. Les potages, les gelées et les blanc-manger que l'on a appris à préparer permettent de donner plus de variété à ce genre d'alimentation et d'éviter ainsi le reproche de monotonie si souvent adressé au gruau au lait peptonisé.

Usage de l'extrait pancréatique mélangé aux aliments avant le repas. — L'emploi de l'extrait pancréatique pendant le repas ou immédiatement après ne peut avoir, selon moi, qu'une utilité fort limitée. En pénétrant dans l'estomac, les ferments pancréatiques y rencontrent l'acide du suc gastrique; celui-ci, s'il est trop énergique, détruit l'activité des ferments. Pourtant, comme un intervalle de temps assez considérable s'écoule avant que l'acidité ait atteint ce degré, les ferments pancréatiques peuvent accomplir une certaine partie de leur besogne. J'ai administré plus d'une fois aux malades l'extrait pancréatique de cette manière, mais je n'ose pas décider s'il en est résulté quelque bien. Grâce à une légère modification que j'ai essayé d'appliquer depuis peu, j'espère obtenir de meilleurs résultats. C'est de mélanger l'extrait pancréatique aux aliments 15 ou 20 minutes avant de les manger. Certains mets dont se servent ordinairement les malades — les gruaux farineux, le lait, le pain, le beurre, le lait légèrement coupé de thé, de café ou de cacao et les potages liés avec des matières féculentes ou du lait — sont très appropriés à cet usage. Une ou deux cuillerées à thé de la liqueur pancréatique sont ajoutées à quelque aliment servi tout chaud, et telle est la force active de la préparation que, tant que le malade mange encore, — à condition qu'il mange lentement, comme doit le faire tout malade, — un changement visible se produit dans le creux même de son assiette : le gruau devient plus aqueux, le lait change un peu de couleur ou même se caille légèrement, et le pain trempé dedans s'amollit. Cette transformation continue dans l'estomac et il est probable que l'œuvre de la digestion se trouve fort avancée avant que l'acide gastrique ait eu le temps d'intervenir.

Cette manière d'administrer les préparations pancréatiques est aussi simple que commode. On n'a besoin ni d'y ajouter de l'alcali, ni de les soumettre à la coction finale. La seule précaution à observer, c'est que la température des aliments auxquels on ajoute l'extrait pancréatique ne dépasse pas 150 F. (65° C.). C'est un point qu'il est facile de vérifier, la bouche ne tolérant aucun liquide, même dégusté avec précaution, s'il dépasse 140° F. (60° C.). Par conséquent, du moment où les aliments sont tolérés par le palais, on peut y ajouter l'extrait, sans compromettre en aucune façon l'activité du ferment.

Extrait pancréatique ajouté aux lavements nutritifs. — L'extrait pancréatique est particulièrement adapté pour être administré avec les lavements nutritifs. On prépare de la manière ordinaire un lavement avec du gruau au lait et du bouillon, et, au moment même de l'administrer, on y ajoute une cuiller à dessert de liqueur pancréatique. Les ferments trouvent dans la chaude température viscérale un milieu favorable pour exercer leur action sur les matériaux nutritifs auxquels ils sont mélangés; et ici point de sécrétion acide pour intervenir dans le processus digestif et en enrayer la marche.

Ayant eu l'occasion d'expérimenter cette méthode, j'en ai obtenu des résultats satisfaisants. L'un des cas était un malade atteint d'un abcès post-pharyngien qui lui obstruait complètement l'œsophage. Durant trois semaines, jusqu'à l'ouverture de l'abcès, on soutint sa nutrition exclusivement par des lavements de gruau au lait, mélangé avec de l'extrait pancréatique.

FIN

COULOMMIERS. — TYPOGRAPHIE PAUL BRODARD.

www.ingramcontent.com/pod-product-compliance
Ingram Content Group UK Ltd.
Pitfield, Milton Keynes, MK11 3LW, UK
UKHW020917180726
13838UKWH00002B/609